天下文化
BELIEVE IN READING

把好事說成好故事

在實務上踏實，在想法上跳躍，ESG、SDGs必備

盧建彰——著

KURT LU

BWL093

目次

推薦序 隨時在思考、傳輸創意的創行者／柯一正 004
各界好評 007

一、思考，把好的事，說成好故事
❶ 做什麼好 012
❷ 你的ＥＳＧ參與 025
❸ 永續發展的對外溝通，很重要 040
❹ 你的故事沒人理，也就沒你的事了 053
❺ 你最難解的問題，可能就是你最有影響力的答案 064

二、用創意，讓那些精采的，總是美好
❻ 綠藤生機的選擇（上）：哲學先決 082

7 綠藤生機的選擇（下）：不打擾就是我的溫柔 094
8 光寶的起家 116
9 Google 眼裡的那個國中生 132

三、靠轉換，讓故事影響力倍增

10 AZ堅持做對的事 148
11 優席夫的世界凝視 162
12 台達電的SKY（上）：高舉好人 176
13 台達電的SKY（中）：故事來自生活 194
14 台達電的SKY（下）：成為可再生資源 206

四、以信念，為世界創造真實夥伴

15 與人為善的真正意義 220
16 洲南鹽場言承旭 239
17 獨立書店是強壯的好夥伴 256

推薦序

隨時在思考、傳輸創意的創行者

柯一正 導演

有一次和盧導在友人家聚餐，友人家的女孩下班回來，告訴大家說她在捷運上被搭訕，對方問她是不是住在附近。

盧導馬上問：是妳喜歡的型嗎？（女孩猶豫）

盧導：不怎麼樣，那妳就要說：「我住在教堂裡。」

女孩：他說想加個 LINE 聊天。

盧導：妳應該要說：「可以找我爸爸聊天，我爸爸是牧師，很會聊。」

女孩：噢……

盧導：妳可以說：「我爸爸也很能傾聽，有要告解嗎？」（哄堂大笑）

以下略去精采的一段盧導自導自演女兒被陌生人追求的爸爸，即使他女兒才小一。

其實盧導不是在開玩笑，這是他的習慣，生活中任何大小事，他都可以設定狀況，然後模擬怎麼應對、發展、轉變、解決或不解決。看起來像沒事找事做，實際上是在儲存資料，尋找方向，加入創意做為一個個故事的起源。

他從優質企業的條件，創作者的自我要求和質感，用實例做為故事，一步一步帶我們進入他創作廣告或短片的實境中。原本創意過程是一條冗長、辛苦、煎熬的路，在盧導筆下像披荊斬棘，漸露光芒。

最感動的是在書中看到他年少時的際遇，多數人是無望地哀怨一輩子，而他沒有抱怨的背起重擔，而後成為創作養分。在一起，他永遠是積極又不失幽默，看他的文字也是如此。

盧導這本書，以他獨特的觀點，帶著社會關懷拍攝企業、新創公司、藝術家永續經營的祕訣。比如說光寶，台灣第一家上市的電子公司，在看了盧導深入描述光寶的影片後，會讓人想去那裡工作，因為感覺是幸福的。看著他田調、構思、完成腳本，到執行拍攝，好像一切理所當然。其實不是，那是他的觀察敏銳、自信，重要的是，擅長溝通還懂得盤撋（交陪摶感情）。

當然更厲害的是說故事的能力：說服客戶，和傳達出一段動人的影片。和他聊天，你得隨時腦筋急轉彎，他隨時會加料跳 tone。他不是在測試你的反應，他是在發展自己的思考能力。他在工作、不工作、跑步、陪小孩，都在玩創意，傳輸創意，我稱他為「創行者」。

書後段，是獨立書店的故事，讓我想規劃旅遊行程，一家家去朝聖。

各界好評

這是一本有溫度的生命之書。當CSR、ESG、SDGs這些名詞成為顯學，很多企業只是趕流行加入「作文比賽」。盧導則早在多年前，就從陪伴罹病父母等生命經驗出發，在企業思維中注入社會關懷與公益取向。如今盧導已成為最有溫度的ESG倡議者，期待本書中充滿人性的好故事，能為台灣社會帶來更多正向改變。（本書引介的各地獨立書店也值得更多支持）

——何榮幸｜《報導者》創辦人兼執行長

一直很喜歡Kurt的文字，是一種不說教的用故事講道理。這一次的道理是在講ESG，這是當代非常重要的題目。而由於Kurt見多識廣，加上實際參與過許多ESG案例的溝通，因此很能抓住比一般人更有感的敘事方式。

所有在NPO與企業ESG工作的夥伴，都一定要來讀這本書。

——呂冠緯｜均一平台教育基金會董事長兼執行長

對很多人而言，ESG是企業的枷鎖，是企業得要額外花力氣去應付的麻煩，甚至是企業的遮羞布。然而當你對它有更多了解，你會發現它其實是當代企業要能感動人心、創造價值的重要關鍵。跟盧導書中的諸多案例故事學習，希望你也能更懂ESG的好。

——葉丙成｜台大教授

讀本書時，我腦中一直想起賈伯斯說：「這世上最有影響力的人就是說故事的人。他會為下個世代定義願景、價值與行動。」Kurt 透過與優質、有高度的企業合作經驗，拆解說故事的力量其來何自。重點不在於如何說，而是說什麼——回歸信仰，由心深處找到那份純粹。我有幸認識 Kurt 多年，深知他不只如此寫，更如此活，本書就是讓好故事發揮影響力的最佳示範。誠心推薦給希望留給孩子更好的世界的大人。

——劉安婷｜為台灣而教創辦人暨董事長

這本書把我重新帶回二〇二〇年綠藤慶祝十週年前夕，第一次見到Kurt時的場景與感動。他告訴我們：「社會關心你這品牌，是因為你這品牌關心社會。」「人們要的是故事，而不是廣告。」這些觀念從此改變了我們看待傳播的方式，也很開心能透過這本書讓更多人認識。管理大師杜拉克曾說，企業有兩個基本功能：創新與行銷。在這個ESG愈來愈受重視的時代，Kurt則定義：把ESG做好，把故事講好。除此之外，都是在混。我想說，我們一起，不要混。

——鄭涵睿｜綠藤生機共同創辦人暨執行長

ESG有多夯？看看多少企業和人在蹭就知道。關於環境、社會責任和公司治理，不是空口說說就好，重點是你實打實做了什麼。我所認識的Kurt，在我還沒聽過ESG這東西時，早已投入並幫助品牌開始動手做了。書中故事都是這些年見面時，他眼睛發光跟我聊他在做的事。「用好故事告訴別人你做的好事」有其必要，那會讓更多人願意共襄盛舉；而寫這麼一本書，也是作者十年如一日的身體力行。

——龔大中｜台灣奧美集團創意長

一

思考，把好的事，說成好故事

❶ 做什麼好

讓好人做的好事被更多人看見。

說好的ESG故事

不只要說好的故事，而且是，說好的。

當然，這很容易理解，我們彼此說好、講好要讓它發生，這是一種承諾。

雖然，在當代，我也常覺得，人們給承諾給得太容易，讓承諾貶值了。

但，這不是承諾的錯，是承諾者，沒有用心力讓承諾真正發生。

我記得我的好友藝術家優席夫曾分享一個概念，我覺得頗有意思。他說，我們都可以成為預言家，只要我們去做到我們說過的話。

我讀到的當下，是震撼的。

我們常常說，但都只停留在說，沒有真的讓它發生。

這讓人對「說」感到懷疑，彷彿「說」會是件錯事。

問題來了，那我做為一個專門負責說的人，不就要成為一個總是做錯的人嗎？這可怎麼辦才好！

如果可以，應該立刻來做，今天就是那第一天，不要總是說等到有一天。

同學，你要不要當車手？

我想要讓好人做的好事被更多人看見，讓更多人因此知道這塊土地上有許多認真努力的企業，不只認真賺錢，而是認真努力的想要環境和人類彼此更好，也因此賺到了更多錢。

讓人們理解做好事會賺大錢。

為什麼呢？

我跟你說，因為教育。

我有同學當檢察官，經常要處理酒駕和吸毒的案件。他告訴我，這很多是因為人們心靈空虛苦悶，想麻痺自己，逃避現實，因為現實太痛苦，叫人難以忍受。而這狀況普遍見於經濟弱勢者，但也不僅止於此，另一個很大量的案件，則是詐騙。

他常遇見才十八、九歲的年輕人去當車手，也就是幫詐騙集團去提款機領錢。在偵查庭上，他總是好言相勸，問這些年輕孩子為什麼要當車手？

結果，年輕人說：「好賺啊！」

檢察官驚訝說：「哪裡好賺？這個詐騙的罪名會跟著你一輩子，而你拿到的才幾千元，頂多上萬元。」

年輕人不約而同的說：「可是你看那些企業賺很多錢，還不都是黑心？我這樣也還好。」

檢察官感到納悶，怎麼會這樣想呢？

年輕人振振有詞說：「你看電視新聞那些做黑心商品的老闆都賺好幾

億，要黑心才會賺錢啦！我這樣一個小時就賺一萬，我同學去超商一個小時才賺一百多塊錢耶！」

檢察官搖頭，不知道該怎麼說。

年輕人還繼續講：「你看那個誰誰好有錢，開跑車抱嫩妹，我也想跟他們一樣。」

當我們在學校不斷以道德勸說孩子，可是，真實的環境裡整天報導黑心商人炫富的行為，全是令人不敢恭維的黑心投機，不是腳踏實地工作的企業典範，難免會讓年輕人有種誤會，以為黑心才能賺大錢。

我認為，站在有機會做傳播溝通位置的每個人，都有責任改變這一切。

溝通傳播上的責任

我常常覺得，一個工作者要有工作上的專業，其中也包含為所當為。

這樣說好了，我們每天創作的行銷作品，如果加上媒體行銷資源，其實，常常比許多學校教育有更高的能見度，而且在媒體上有更大的影響力，你可以提供一些良善的創見。

你應該可以給自己一點點基本的職業尊重，讓自己尊重自己，也許，別人也會尊重你。

我的意思是，既然你都得工作，那為什麼不做好一點的工作呢？

既然你被迫得上班忍受極大的壓力，然後拿到的金錢報酬可能都無法完全對應你投入的工作精力和時間，那，何不讓你的工作更有價值，帶給你一點成就感？

都賺不到錢了，還要賺不到尊嚴嗎？

別跟我說不要尊嚴可以賺比較多錢，我會認為，你的計算能力有問題。

被迫得拋棄尊嚴，常常是在缺乏選擇下的結果。而你，此刻可以讀到這本書的你，一定比起這社會裡的許多人有更多選擇，你不必急著選擇那個比較差的選擇。

重點是，當你選擇比較差的選擇，在別人眼裡，你就是個比較差的選擇。如果你很在意別人的話。

當你選擇較差的選擇後，人們未來有較好的機會，可能不會優先想到你，因為你就是那種會願意為小利拋棄尊嚴的人，那今天有大的利益，怎麼可能找上你呢？你就是個賺小錢的小格局人呀！

做那些作品你自己也覺得很傷，然後還要不斷在媒體平台上看到，每次看到都提醒自己做得不快樂，做得心不安，那不是很可憐嗎？

做了稱不上作品的作品，拿到的錢用完花光之後，還會繼續看見這些作品，實在不太划算。

你可以有好一點的選擇，你可以給自己好一點的標準。

給你爸媽看到，給你小孩看到

話說回來，我也沒有覺得要多麼崇高偉大，只要不敗德，不浪費地球資源就很好了。那標準在哪裡呢？

似乎沒有那麼了不起，也不是一定要文以載道什麼的，更不是要多嚴肅的說教。

畢竟，如果太過嚴肅，一來傳播效果差，沒人想看；二來，假道學的東西我們從小到大也接觸得夠多了，你自己不喜歡的東西，就不要給別人。己所不欲，勿施於人嘛！

但我覺得，有一個很簡單的評斷標準，就是你敢拿給你的家人看嗎？你會大方跟他們介紹：「這是我做的。」如果會，你才做。如果不會，你就先不要做。

你會願意跟家人分享說：「這是我花了很多時間，跟許多夥伴一起努力思考，一起想出來的作品，雖然還沒有到超好，但我覺得還可以，也不會對不起大家。」

你對家人說的時候，可以帶著情感，也可以勇於分享過程中遇到哪些挫折，也勇於分享還有哪些不夠好，我就覺得你的勇敢，值得每個人鼓掌。

當你願意面對家人，大概這作品就足以面對世界。

溝通重複，有時不太好

許多企業因為已經編列了預算，必須消化掉，否則，隔年預算可能會被砍掉。

這我完全理解。但消化是種說法，用消化的思維，常常會讓作品最後成為消化道最後的產物，那有點可惜。

因為態度就已經決定了目標。

不要把自己當作消化器官，你值得更好的。

在照本宣科重複去年的作品前，提醒自己：因為是網路時代，所以不像過去，你的作品在沒有媒體檔期時就會看不見。現在，你的作品會一直留存下來，所以，你不應該重複過去做過的東西，因為那就會是資源浪費。

你應該思考：有什麼是我們沒有仔細談過的？有什麼談的角度是我們沒有想過的？

記得，在傳播上，重複，是可惜的。

就跟論文一樣，在傳播上自我抄襲，也是你應當避免的。

你所在的產業可能是製造業，但在創造對外傳播的作品時，它應該比較是創造業，它應該有創意。而創意最基本的條件，應該是不重複。不重複別人做過的，不重複自己做過的。

它和一般產品不一樣，因為一般產品追求一致，藉由規格化保持品質的穩定。可是，傳播作品基本上會占去觀看者的時間，也就是說，你不要讓人覺得你是在浪費他的時間。

假若你提供給他的，是了無新意的作品，那要小心，那比不溝通還糟糕。

假若你提供給他的，是錯誤敗德的作品，那要小心，那比不溝通還糟糕。

最重要的是，雖然你每天都一樣出門去上班，但要是讓你的家人知道你只是在做一樣的東西，那看來，有點不酷。

複製，貼上，已經是每個學齡前兒童就會做的事了。

真理？換句話說

有時候，你會遇到一個題目，你們一直以來致力於一個目標，也許是改善碳足跡，減少碳排放，也可能是減少塑化物的使用，你會遇到一個挑戰，這些事都不是一蹴可幾，所以，會花上許多年，甚至是幾十年、上百年，都在這個題目裡。

那麼溝通怎麼辦呢？剛剛才說過不要重複，但明明就重複了呀！

噢！不好意思，如果你也這樣覺得，我讓你誤會了。我的意思是，溝通重複不太好，而不是重複不好。

就好像，讓我們可以好好活下去的呼吸都是重複的，但藉由我們重複的呼吸，我們還是可以做出不重複的趣事。

以這個命題相同的情況來說，我就會建議，我們可以去尋求不同的故事。也就是，換句話說，並請換個人們沒有想過的角度說。

你可以往前，你可以往後，你可以從中間切片，你可以談被影響的人們，你可以思考如果不這樣會怎樣。你可以發想，要是這樣做的十年後，世界會怎樣。

你可以談未來有個三十歲的青年人發明了癌症新藥，解救到時患病的你，只因為你此刻的作為減少了空汙，降低一個小嬰兒過敏的可能，讓他沒有得到過敏性鼻炎，因此在閱讀學習時可以專心，在思考解決難題時不會被打斷，你救了你自己。

你怎麼可以說絕對不會發生呢？

只有當你不願意，它才絕不會發生。

在實務上踏實，在想法上跳躍

為了解決問題，我們都得面對抉擇，有時難免傷神。但我覺得，總比神傷好，更比心神喪失好。

讓自己無意識地創作沒有效用的作品，是我認為專業上的心神喪失。

我們當然清楚，在實際改善環境解決永續目標上，不可以好高騖遠，不能夠只是打高空，必須腳踏實地擬定計畫，確實按照真實世界裡的條件，好好去做。

不過，在溝通上，一切都有可能。

我的意思是，如果你只是提供一個原本的東西給人們看，那麼，人們自己就可以看，你根本就不應該再浪費資源，你不必做傳播。但，這樣的影響力比較差，你的作為無法影響更多人。

而當你願意投入資源創造更大的影響力時，請不要只是照本宣科，只是記錄，只是數字。那些工作不是一個傳播者該做的，那就像是老師上課只是叫大家唸課本，毫無存在的價值，毫無啟發。

只要你能夠喚起人們對良善的期盼，適時的點亮一點光，在可能的範圍內照亮眼前的腳步，那麼人們就可以往前走，就有動力往前走。而人原本就傾向往光明的地方走，那是生物的本能。

我們身上有光，有眼光，有靈光，
一定可以照亮一步。
別浪費。
一萬人的一步。
一億人的一步。
風度翩翩。

ESG 心法

1. 要認真賺錢，還要努力讓環境和人類彼此更好。
2. 真理？換句話說。換個人們沒想過的角度說你在努力的ＥＳＧ。
3. 在實務上踏實，在想法上跳躍。

❷ 你的ESG參與

像運動一樣，努力讓ESG形成有意識又能夠內化的行為。

企業的必要之惡？

某次我遇到某家企業擔當ESG的負責人，他在會議中說「ESG是企業的必要之惡」，我很好奇他為什麼這樣說。正感到不解時，他就自己補充解釋：「就像性平一樣，現在企業都得做ESG。」聽了之後，我稍稍比較理解，哦，原來他是這個意思呀！

他的意思是，以前不需要做，但現在開始需要了。我想他是善意的，真正的意思是，我們得進步了。他所謂的必要之惡，事實上，只是必要，沒有惡。

就好像運動。

你過去可能沒有運動習慣，因為你可能沒有這份認知，你可能沒有健身的觀念，你可能也還沒意識到只有健康才能享受財富。有一天，你開始了解了，你意識到自己身體有狀況了，你發現你賺到了錢，可是身體不舒服，無法旅行，無法享受人生，你發現只有運動才有機會，所以，你開始運動。

但運動輕鬆嗎？

運動當然不輕鬆，尤其是你過去從不運動。

你可能會覺得累，你可能會覺得麻煩，你可能會跟人抱怨，你可能會跟其他現在也需要運動的人一起抱怨，抱怨運動還得特地去，實在有夠麻煩。

寫到這，我起身又拉了五十下TRX，原地開合跳一百下，趴在地上Mountain-Climber 兩百下。

跟我女兒一起。

你理解我在說什麼嗎？

就跟運動一樣，ESG當然不是你過去習慣做的，所以你有點不習慣，你當然可以把它當個苦差事。但，跟運動一樣，你可以享受它，你甚至可以不要把它當成得特地去做，而讓它變成隨時隨地都能做，跟呼吸一樣。

因為它對你好，所以你得做它，你會盡量做它。

嘿！你不會告訴我你覺得呼吸很麻煩吧？

做得輕鬆，做得漂亮

不過，從這位夥伴談起「必要之惡」，我是充分受到啟發的。我想，這個惡字，不是罪惡，但或許稍稍可以把這個惡字解讀成厭惡，感到不輕鬆。

所以，那個讓人感到輕鬆的感覺，就變成在思考時的必要了。

我也想再次拿運動來比喻。

我不喜歡跑步，我覺得跑步很無聊，但我每天跑五公里。

當然，如果只有不喜歡，只覺得很無聊，那我一定只跑一天，就不跑了。

所以，我得想辦法解決這問題。

我覺得，我不喜歡跑步是因為很無聊，那就要想辦法讓它有聊。所以，我會在跑步時想東西，好滿足我自己。幾次之後，我發現，跑步的時候，想到最多東西，許多精采的廣告想法，都是在跑步時想到的。

而且，後來我才發現，我是高敏感人格，總是在忍耐，忍耐噪音，忍耐氣味，忍耐不美的事物。我需要可以獨處的時間與空間，而跑步就自然成為那個獨特空間與時間了。因為沒有我討厭的人會跟我去跑步，沒有我不喜愛的事情會跟我去跑步，甚至連討厭的電話，我都不需要聽，因為我在跑步。

久而久之，我當然會跑去跑步了，因為那會成為一種救贖，它帶給我逃避的機會，而逃避雖然可恥，但是有用。

當然，你也許會說，跑步的辛苦，是會喘。

那當然了。

跑步如果不喘，那也許運動效果不是太好，那就不必去跑了。

或者說，一開始跑步，覺得實在太喘了，實在跑不下去。

那就不要跑。今天先不要再跑，跑到這就好。

下一句是，明天再跑。

我的意思是，一開始跑步會喘，那就不要太喘，只要再多喘兩步，就可以休息了。可是，明天，要多跑兩步，多跑兩百公尺，每一天都比前一天多跑兩步，就好，就很好了。

同樣的，ＥＳＧ一開始一定會覺得，我幹嘛要多做這些。不，你不是多做，你在做原來沒做的，你本來就該做的。

當然會覺得累，但，覺得累的時候，就多做兩下，然後休息，明天再做。但明天要做得比今天多，明天要想到比今天更有效能的做法，明天要做得更有智慧，每個明天都如此。

讓心情是輕鬆的，你才不會放棄，你才不會再也不做。今天就是那個第一天，但不要只有一天。

今天你要輕鬆一點，才會有明天，每個今天都是輕鬆的，但每個今天都比前一天多做一點。

你今天做得輕鬆，未來就會做得漂亮。

如何參與

很多企業多少也會有個疑問，自己可以在ＥＳＧ上參與什麼？我覺得，這要慎重面對，但也不需要過分嚴肅。可以先看看聯合國發表的ＳＤＧs（Sustainable Development Goals），這十七個目標，通常你們一定已在其中做到了幾項。接著，只要從自己的企業屬性去思考，可以在哪幾個部分更加用力，更多投入。

說起來，一點也不難。

（我習慣這樣跟自己說，尤其是跑步的時候）

（尤其是要去跑步的時候）

（因為去跑步比跑步難）

是真的，一點也不難。（又講一次）

其實，當初聯合國提出這幾個目標，是認為我們必須要有意識地投入在這幾個象限裡，否則，可能很快就會面臨人類的族群滅亡。但我永遠相信，只有外表嚴肅內心輕鬆，才能把難事做得好，做得久。

個人也是如此，這幾個目標是希望每個人都能參與。我永遠相信，與其追求一百分，還不如，先讓自己有分。

目標1. 消除貧窮：消除各地一切形式的貧窮。

No Poverty: End poverty in all its forms everywhere.

目標2. 消除飢餓：消除飢餓，達成糧食安全，改善營養及促進永續農業。

Zero Hunger: End hunger, achieve food security and improved nutrition and promote sustainable agriculture.

目標3. 良好健康與福祉：確保健康及促進各年齡層的福祉。

Good Health and Well-Being: Ensure healthy lives and promote well-being for all at all ages.

目標4. 優質教育：確保有教無類、公平以及高品質的教育，及提倡終身學習。

Quality Education: Ensure inclusive and equitable quality education and promote lifelong learning opportunities for all.

目標5. 性別平等：實現性別平等，並賦予婦女權力。

Gender Equality: Achieve gender equality and empower all women and girls.

目標6. 潔淨飲水與衛生：確保所有人都能享有水及衛生及其永續管理。

Clean Water and Sanitation: Ensure availability and sustainable management of water and sanitation for all.

目標7. 乾淨能源：確保所有的人都可取得負擔得起、可靠的、永續的，及現代的能源。

Affordable and Clean Energy: Ensure access to affordable, reliable, sustainable and modern energy for all.

目標8. 尊嚴工作及經濟成長：促進包容且永續的經濟成長，達到全面且有生產力的就業，讓每個人都有一份好工作。

Decent Work and Economic Growth: Promote sustained, inclusive and sustainable economic growth, full and productive employment and decent work for all.

目標9. 產業創新與基礎建設：建立具有韌性的基礎建設，促進包容且永續的工業，並加速創新。

Industry, Innovation and Infrastructure: Build resilient infrastructure, promote inclusive and sustainable industrialization and foster innovation.

目標10. 促進均等：減少國內及國家間不平等。

Reduce Inequalities: Reduce inequality within and among countries.

目標11. 永續城市與社區：促使城市與人類居住具包容、安全、韌性及永續性。

Sustainable Cities and Communities: Make cities and human settlements inclusive, safe, resilient and sustainable.

目標12. 負責任的消費與生產：確保永續消費及生產模式。

Responsible Consumption and Production: Ensure sustainable consumption and production patterns.

目標13. 氣候行動：採取緊急措施以因應氣候變遷及其影響。

Climate Action: Take urgent action to combat climate change and its impacts.

目標14. 海洋生態：保育及永續利用海洋與海洋資源，以確保永續發展。

Life Below Water: Conserve and sustainably use the oceans, seas and marine resources for sustainable development.

目標15. 陸域生態：保護、維護及促進領地生態系統的永續使用，永續的管理森林，對抗沙漠化，終止及逆轉土地劣化，並遏止生物多樣性的喪失。

Life on Land: Protect, restore and promote sustainable use of terrestrial ecosystems, sustainably manage forests, combat desertification, and halt and reverse land degradation and halt biodiversity loss.

目標16. 和平正義與健全制度：促進和平且包容的社會，以落實永續發展；提供司法管道給所有人；在所有階層建立有效的、負責的且包容的制度。

Peace, Justice and Strong Institutions: Promote peaceful and inclusive societies for sustainable development, provide access to justice for all and build effective, accountable and inclusive institutions at all levels.

目標17. 夥伴關係：強化永續發展執行方法及活化永續發展全球夥伴關係。

Partnerships for the Goals: Strengthen the means of implementation and revitalize the global partnership for sustainable development.

有意識的

你一定有做到幾項，你的公司一定有參與到幾項，只是過往是無意識的，而現在，你們要有意識的去做。所謂的有意識，包含在做的時候意識到自己在做什麼，接著追求卓越進步，因此就會需要去盤點檢視，並且設定目標。

這樣好像很辛苦很複雜，不，沒什麼的，就像運動一樣。

小時候，我們每天都會跑來跑去，那就是我們的運動。你一定有消耗掉熱量，你一定因此鍛鍊了肌肉，你也因此讓體態更好。

你不自覺的運動，因為你本來就需要，你感到輕鬆，你感到愉快，因為當你奔跑時，你享受到樂趣。

可是，隨著年紀漸長，你的條件改變了，你因為時間順序，漸漸排擠掉了運動的機會。直到你發現身體需要，而這時的運動，就變得是有意識的。

你得實際找出運動的時間，善加規劃類型，要思考路線，讓你的日常生活不被影響，甚至是要能夠完全融入。你會去想，在哪個時段哪個狀態最有效率，你會需要去理解你需要多少運動量，從而設定一個目標。而為了有效率地達到目標，你得認真去推導方法，什麼方法對你最有利，最能夠得到效果，但又不至於帶來過多的不便和痛苦，從而減少運動的次數。

也就是說，讓它形成有意識卻又能夠內化的行為，而且，時常發生，有效的發生，發生的有意義，發生的有效率。

比方說，我跑步。

我跑步，是為了以後有更多機會跟我女兒玩，而且玩得有品質，玩得盡興。假如我缺乏體力，那我可能因為沒力氣而容易累，我可以跟她玩的機會就會減少，可以玩的種類就會受限，比方說長距離長時間的跨國旅行，或高度需要體能支撐的運動，就都沒機會了，我們大笑的機會減少了，是可惜的。

為了以後可以跟她一起大笑，我讓自己有時候有意識的笑不太出來。我去跑步。

因為，我判斷，任何活動都會需要有移動能力，加上現代人普遍需要消耗熱量，以免進來的比出去的多，最後轉換成我們不需要的脂肪囤積，跑步可以有效地減脂。

有意識的行為，能夠帶來效率，有意識地做ＥＳＧ，讓資源不會浪費。你可以思考在企業既有路徑上深化，或者是往左右延伸，不管是從深度或者廣度，進一步、有意識地去進行。

那就好了。那就很好了。

萬事起頭，好玩

當然，我們都很清楚做ＥＳＧ要設立ＫＰＩ，都得想辦法出ＥＳＧ報告書，這些都很嚴肅，也需要認真面對。不過，我要提醒，就跟任何企業的創立，一定一開始都有個初心，而那初心，不會是我要對付自己，讓自己難受。

通常，一定是我對這個有興趣，我想做這個，我可以把這個做好。我把這個做好，世界會喜歡我，甚至給我錢，讓我做更多。

同樣的，我認為做永續發展也應該是這樣。要讓每一個人都知道，這是對我們好的，這是對我們有好處的。開心做，甘願受，愈做愈有樂趣，你才可能會有好的想法。

把握住你們創業時的那種活力，在高度道德標準底下，也要追求高度參與樂趣。

之後我們會談到更多，但基本上，你需要的可以是創意思考，尤其在永續發展上。

這樣說好了，創意一定來自於有趣，good idea 也一定來自 good mood。
你自己不愛的，別人也不會愛。

不好好玩，就會不好玩。
好好玩，就會好好玩。
這是我女兒教我的，你可以試試。

ESG 心法

1. 在企業既有路徑上深化，進一步、有意識地去進行你的ESG。
2. 與其追求一百分，還不如先讓自己有分。
3. 明天要做得比今天多，做得更有智慧，每個明天都如此。

3 永續發展的對外溝通，很重要

主動擁抱社會價值，社會也較有機會認定你有價值。

公益是最好的生意

我不認為ＥＳＧ是為了交功課。

我認為這樣想的企業，就只是半吊子。

任何事因為被迫得做，大概就注定會做得不太好。

我自己在學校的學習經驗很差，因為總是在試著符合別人給的標準，只是在接收別人給的東西。我當然可以處理得很好，達到對方的標準，但，那距離我心中的卓越很遠。

所有的永續發展目標，都是為了讓這個人類群體中的個體，可以安全存活下去，因此，我想要更進一步說，以目前的時代氛圍而言，公益是公共利益，公共利益關係到最多人，當然是最大的利益，也可能是最好的生意。

自己的貴人或敵人

千萬別忘了，各企業體原本就是以追求利益而成立的。那麼，怎麼可以略過最巨大的利益而鑽營於蠅頭小利呢？

這樣說好了，各種商品勞務原本就是因為人們有需求因此產生的，而在這個製造與銷售過程裡，企業合理的賺取利潤，幫助企業經營，讓企業擁有者獲取利益，並進而保障員工的家庭安全。

這是十分合理的過程，只是我們好像很容易忘記如此簡明的核心價值。

換句話說，你本來就是因為牽扯到公共利益才存在的，無論你是哪種類型的企業。

你提供食材，本來就是在處理生存權利，解決糧食分配不均。你製造手機，也可以是在處理教育平權問題，讓更多人有足夠的受教權，不因為所處的家庭環境和所在地區而受剝奪。

你原本就在做生意，你現在可以做更大的生意，那就是公益。

任何產業，都是在滿足大眾需求的前提下成立的，所以，你原本就在做跟公共利益相關的事。只是你應該更有意識地把它做好，而當你更仔細地去思考誰是高需求的消費者，你可以藉此讓低需求的人了解，當他們購買你的財貨勞務的時候，你願意分配更多資源在需要的人身上，從而為你創造更多商機，你就是你生意最大的貴人。

我想這是顯而易見的道理，任何熟悉商業規則的人，都會理解。

反之亦然，你的產品製造過程對環境的衝擊較大，你又不肯思考改善的方法好降低危害，那麼，被揭露後，人們為了保護自己的生存，勢必會減少對你的消費，你就是你生意最大的敵人。

當自己的貴人或敵人，你自己可以決定。

社會價值

各個產業有各自的專業，也有各自提供的商品勞務，所以，你可以靜下心來，和夥伴們一起思考，你們是在做什麼的，你們的願景是什麼。

不要只有回答賺錢。

那是廢話。

對世界而言，那不是你的價值。任何產業都要賺錢，但它在世界的價值決定它可以賺多少錢。也就是說，當你自我定義對世界的價值是賺錢時，那對世界來說，你沒有太大意義，你大概也不太會因此賺到更多的錢，因為錢不是終極的目標，那是價值交換的工具而已。你應該追問下去，你到底提供世界什麼價值，然後，再設法讓那價值提升，讓那價值出現差異。

你創造了價值，於是世界願意付出代價跟你交換那價值，只是交換的工具是錢，前提還是你有價值，你能創造價值。

當然，在思考時，也可以有個值得深慮的角度，也就是，社會價值。

藉由溝通傳播的方式，讓人有機會理解更多你對社會的價值，你為社會減少了多少危害，你為人們降低了多少原本產生的浪費。你為社會提升了哪些恰當的人類價值，你需要費力氣去思考，並且好好溝通。

當你主動擁抱社會價值，社會也較有機會認定你有價值。

全人教育

我曾和四十多個品牌的ＰＭ做了一個工作坊，過程很愉快，但還可以更好，因為我沒有把他們逼到每個人都踴躍發言，甚至打斷別人。或許是視訊會議的關係，大家都害怕別人聽不清楚而感到不好意思，因此減少了發言。結果，彼此還是聽不清楚對方的意見。這也是一種溝通的浪費吧！我想。

儘管如此，我從這幾十位ＰＭ身上，依舊獲得許多不錯的回饋。過去習慣操作商品廣告的他們，現在充分感受到應當進一步尋求對人的感動，因為那將直接決定他們的品牌在人們心中的印象。

我中間提到，過去我們常常在討論品牌的溝通，應該把它視為是一個人，去思考如何讓品牌有完整如同人一般的活性。

而人當然有許多面向，如果可以，不妨試著把參與ＥＳＧ當作一個人良善的那一面，而你勢必該有這一面。缺乏這一面，可能是不太完整的。

也就是說，我們的企業裡每一個人都該有這種認知，都該進行全人教育，你不是只需要負責生產產品就好，而是在這過程裡有善良的成分在，減少對世界的傷害。

你也可能是負責品牌的行銷，你過去可能只想到要讓人對品牌留下深刻印象，現在你可以增加一個思考，讓品牌在對環境的衝擊影響上的思考被讀到，甚至在你執行行銷傳播時，請協力單位留意不要浪費能源，盡量減少使用一次性的器具。

我現在拍片，會請合作團隊思考清楚，如何讓拍片有效率，避免浪費時間，這樣需要打燈的時間便減少許多，就會少了許多能源的耗費。然後請美術團隊思考，如何減少只能使用一次的道具，並從現有道具中選用，不要為了這支片另外訂做專為這次拍攝使用的道具，更盡量不要是拍完就得拆掉丟掉，那會製造很可怕的垃圾，無論是書桌、櫃子、看台，如果可以租用更好，當然就可以直接減少環境衝擊。

需要原創的是你的想法，不是道具。

你可以輕易把道具置換成任何名詞，把這樣的想法發揮到每個層面去。在各個面向裡，都試著創造更高的社會價值，用全人的角度去思考。

你最常點選的廣告是什麼？

過去的廣告承載的任務是傳遞產品功能，但現在有太多工具在做這件事了。你要購買任何商品，或對任何事物有興趣，你一定立刻上網搜尋，除了產品官網外，你還會看到各種試用報告，各種使用後的評價，甚至任何物品都會有三百篇以上的開箱文。

傳統單純害怕自己沒有在廣告裡把產品功能說清楚的問題早已消失，取而代之的是，人們對你的廣告沒興趣。現在是人人都可主動搜尋資訊的時代，他可以關掉廣告視窗，而且，是快得不得了。

所以，現在網路上最常被人們點選的廣告是什麼呢？是略過廣告。

但是，如果你是我，可能就笑不出來了。

我的意思是，我的工作是做廣告，那，如果我的作品，人們唯一的反應，只有略過，那對於這世界而言，我的作品毫無價值，那我要怎麼活？

但更殘酷的來了。

通常一個企業願意投注最多資源的傳播，就是廣告。如果連廣告都被這樣對待了，那，你做的ＥＳＧ是不是就更少人知曉？

這應該可以想一想。

也就是說，在ＥＳＧ的對外溝通上，我們應該要更加努力思考創意的能量，更加努力尋求影響力。

否則，那些無效溝通也是浪費的一種。

順序的迷思

前一陣子剛好有個永續溝通的工作坊，我追問主辦單位預定要先給我看的各團隊腳本。結果，他們充滿歉意地告訴我，因為幾家大企業流程較慢，現在連主題都還在內部簽核，需要花點時間，之後才能由各團隊發想。

我大笑。

我說，這個理由好像不成理由噢？

這些企業又不是今天才變成大企業，公司組織內部層級結構也不是突然現在才改變，決策過程更是如此；更別提，這在全世界的職場，都不是特殊狀況，而是既定事實，怎麼會拿來當成理由呢？倘若簽核時間長，那就預先準備，只要把預抓時間提早就好了，我實在不認為這該算是什麼困擾。

我認為，這可能是一種不重視。

我的意思是，也許是一種錯誤迷思，認為這個跟公益有關，所以可以把順序擺到後面一點。

我可以理解這種在職場上的捷思法，因為工作項目很多，很容易以帳面上的金額來做為判斷的依據。於是，這個目前看來是跟外部公益團體合作的公益項目，就會被推擠到比較後頭。

我笑著說，請跟他們說，我是個執行影片都從五百萬元起跳的導演，平常跟客戶會議的一個半小時，就是在決定這五百萬元的預算，而我對每個會議的認真程度都一樣。換句話說，他們合作的對象是在處理一個五百萬元的案子，請他們試著拿出對等的態度，否則，大可不必。

我不是想要自抬身價，我只是想說明，在我眼裡，一個能夠好好操作的企業ＥＳＧ傳播案，它的價值絕對不亞於五百萬元的品牌行銷案，甚至，很多時候，它未來對企業品牌的幫助，可能更大。

把ESG做好，把故事講好

我會分享許多案例，大概是這近十年的工作成果。我把許多企業品牌行銷的案子做成了ESG，並且在許多社交平台上取得很好的瀏覽和分享成績，也有好幾支得到YouTube評比為年度最佳行銷影片。我不認為是我厲害，而是因為我選擇的方向。那些都是企業去分享社會價值，或者從企業的角度提供一個對人類永續發展投入的故事。

這樣說好了，可能我們大家都站在一個變化的時代，過去花大錢做行銷的時代，並沒有過去，只是效用遞減了。

或者，也可以用另一個角度思考，以往單純只有說明產品特點的行銷廣告，內容必須要改變，如今必須要對話的是企業如何參與永續發展，而這才有賣點。

因為產品功能，有購買動機的人上網查詢就可以了，平常人們根本就不屑一顧。

目前多數企業的ESG對外溝通，可能還停留在報告書，多數沒有轉化成故事，多數還沒有具備足夠的傳播能力，多數好的作為都還沒有被以有趣味、有感情的方式分享出去，那是可惜的。

社會關心你這品牌，是因為你這品牌關心社會。

可是，就像我們平常說「要把愛說出來」，你做了很多，你做得比那些不認真的企業還好，但你沒有好好把你對世界的愛說出來，那不是白搭？

你的溝通方式比你過去嫌老氣的政府機關還差，比政令宣導還沒意思。你在大眾傳播上，用報表數字那種死板的表現方式，那麼，你不只是浪費了你的傳播預算，更對不起那些參與者，你讓他們的苦心投入消逝，甚或，不被看見。

回到最前面說的，公益是最好的生意。

如果還沒有意識到，請趕快讓你所在的企業組織成員一起理解，參與永續，企業才能永續。

他們沒有跟上這時代的話，時代就只是往前走去，沒空理會落隊的人。
容我再多說一句，把ＥＳＧ做好，把故事講好。
除此之外，都是在混。

ＥＳＧ 心法

1. 將資源分配給需要的人，從而創造商機，你就是你生意的貴人。
2. 把參與ＥＳＧ當作人良善的那一面，而你勢必該有這一面。
3. 好好分享你這企業投入人類永續發展的故事，這才有賣點。

4 你的故事沒人理，也就沒你的事了

要說，就好好說。

還在用傳統不環保方式溝通？

在談故事怎麼來之前，應該先談為什麼需要故事。

這其實跟環保有關。

進到當代，更得理解一件事，就是傳統上對下的溝通，幾乎已經完全不存在了。過去老三台的時代既不復見，你以為只要開記者會，叫記者來，發新聞稿，就有人知道你們做了什麼的時代，更是已經完全消失。

網路時代裡，那些公關活動還是需要做，但不能只有做那些，那能見度低到不行，可能比竊案、行車紀錄器的車禍影片的關注度還小。

當你認真做了些事，卻用沒有效率的方式傳遞出去，而達不到預期效果，那不是資源浪費，那不是非常不環保嗎？

這世界充滿訊息，人類自然會過濾迴避與他無關的資訊，避免大腦過載。就像我現在問你，去年你最喜歡的廣告是哪一支，你可能想了五分鐘都講不出來。

你不是沒有最喜歡的廣告，是你根本沒有在看廣告。你其實有看，只是沒有到，你主動迴避了，你的眼睛接觸了，耳朵聽見了，但到大腦後，大腦主動將它消音，將它刪除。這樣說好了，你有拿過街頭發的傳單，但你會把那傳單再拿給你的朋友嗎？

沒有吧！非常少有的經驗吧！

但請你試著想像你拿給朋友時，他們的反應。

「你給我這要幹嘛？要我幫你丟嗎？」

沒錯，這就是人們對於與他無關的訊息的反應。

也許，製作傳單的人認真羅列了他覺得重要的事，但那些是用過往傳統、不討喜的方式呈現，於是，被慣性的拒絕，被慣性的轉身。

你不能怪不拿傳單的人，那確實與他無關。

認真做永續發展，溝通上卻倒退回傳統不環保的方式，我覺得是可惜的。

畢竟，如果你很認真做ＥＳＧ，恐怕，你也不願意被不認真的對待吧！

為什麼是「故事」？

當代認為最有傳播機會的，可能是故事。

因為，它有意思。

因為那是最容易被人們關注的載體，那是人們還願意花時間力氣去關心的，更有機會被轉而分享的。

當你跟他說「我最近聽到一個故事……」的時候，他會把耳朵豎起來，他或許可能停下手邊的事，因為那是他從小就習慣的行為，當他還是孩子時，就非常習慣在睡前聽爸媽講床邊故事，那是深植在心底的，甚至追溯到遠古時代夜裡冒著光的營火堆旁。

故事有它獨一無二的氣場。

真實感是最強的妝感

我對於故事的品味，在這幾年有很不同的體會。我發現，只有真實的故事，才有強大的力量。這裡說的不是故事裡要有指名道姓的人物，而是那個故事本身來自於真實世界，那些真實的人們為了生命裡難解的題，挺身而出，或者畏縮不前，也可能躲避潛藏，直到那個奇特的時刻，在掙扎後的努力站出，或者奮力拒絕比他巨大許多的強權，都是那麼的迷人。

問題來了。你說，如果真實感最重要，那講故事的人不就沒有角色了嗎？

這挑戰說對也不對。說故事的人是要把故事說好，而不是生出故事來。

換句話說，一個好的說故事者，應該要盡力讓自己的故事裡充滿真實的元素，並且，在經過高度算計的籌劃下，以精采的方式呈現出來。

一個故事也可能以較差的方式被傳播，甚至因此不被認為是個好故事。不然，你回頭看看多數作品，裡頭可能都有許多真實的成分，一如財務報表，卻毫不迷人。

話說回來，我也一直在努力學習說故事。在這個奇妙的技藝前，我只敢謙卑，因為偉大的說故事者，是能夠撼動整個時代，影響整顆地球的走向。

稀缺性是最迷人的性感

我想，故事跟世上的資源一樣，應該是愈稀有缺乏，愈吸引人。尤其是當代人時間有限，對任何事物的注意力都很短暫，恐怕得更加自我要求，檢視故事本身的獨特，才能避免傳播資源的浪費。

過往大家可能會覺得只要照本宣科，可是現在我們會多追問，這個故事特別在哪裡？

當然，我也想先釐清一件事，不是要奇特到不可置信，而是，讓聽故事的人覺得，有聽故事的自己，比起沒聽到這故事的自己來得值得，來得幸福，來得有價值，這就可以了。

我發現，通常跟發現故事的角度有關，也就是觀點。多數時候，我們在面對組織時，常會選擇最高領導人的觀點，但，這其實也常是企業的新聞稿觀點。這觀點沒有不好，但太常見。如果說故事的語法八股，那就很危險，容易成為宣導短片。那不會是你樂見的，因為有很高的機會成為資源浪費。

千萬不要少問自己這個問題，你是做給老闆看的？還是做給全世界看的？

如果是做給老闆看的，那全世界只有一個人看，那影響力，有點差。

你一定會因此被老闆質問的，如果只有他一個人被影響到。

若是做給全世界看的，那麼，請問：這故事在這世界上，有說出來跟沒說出來的差別在哪呢？

你一定心裡有數。

底層的珍珠，體現了觀點的獨特

那麼，有什麼觀點，是比較有可能帶來稀缺性呢？

我建議，可以從最小的單位來看，也許是微觀。

比方說，組織裡的最底層，也是人，但卻常常被忽略，尤其是制服組。

什麼是制服組？

如果你跟我一樣愛看推理小說，就知道現代人在日常生活裡，對於穿制服的人，常常視而不見。也就是說，當某人穿著制服，從你面前走過，你甚至產生看不見他的錯覺。這狀況不只發生在虛構的小說裡，而是真實發生在我們的生活中，我們對於視而不見的這群人，常常錯過。

錯過一次就算了，但我必須說，做為專業人士，你不可以一錯再錯。

你很清楚，我們的生活，沒有這群人，勢必無法正常運作。無論是清潔員、保全、大樓管理員、停車場管理員、超商店員、警察、櫃檯人員、總機人員、護理人員……每一位都決定了世界的正常運行，更最直接碰觸到變化。

碰觸到變化？

對，當我們為永續發展做出努力時，當然需要一些數字的報告，但數字是冰冷的，數字背後造成的影響，才是重要的。對生命創造的改變，才是你溝通的重點。

那就是故事。

這群人，身上最多故事。

我的習慣是，在每個工作生活的區域，我一定會跟他們聊天。因為我知道，他們每天都在觀察，每天都在辛苦工作的同時，看見一點一滴的變化。

問你的副總不準，問他們最準。

你們公司垃圾的減量，誰最有感。

我跟你保證，不是穿西裝的。

還有，這群構成我們世界的重要人物，他們的觀點最獨特，他們的感受最少被談論，更少被用大量資源來轉換成傳播素材。

不恥下問，不是一句空話。

事實上，自以為高高在上才是恥。你要改變的環境，多數時候都是得腳踏實地才能確切感受的。你過去沒空，沒有放下身段，現在千萬不要再錯過。

能投射，才能投身

容我再囉唆一句，我們希望人們行動，而不只覺得我們好棒棒。故事精采動人還有個要素，就是讓人理解，不是理解數字原理，而是理解生命動機。

有時候，我們也會看到某些過分歌頌生命禮讚道德的作品，但要留意，會不會太超凡入聖，會不會已經變成一種神話故事？

人就是人，不是神。

與其宣揚那個犧牲奉獻，不如著墨在他對這個決定的掙扎脆弱，會更加具備人性，更可信。或者說，更能達到影響的效果。

我們小時候都讀過偉人傳記，如今卻很容易變成笑談的素材。就時代的角度來看，更常常是種反高潮。

我依舊認為不只是要凸顯故事角色的痛苦，而是他在這個選擇底下，做為一個凡人可能面對的誘惑，可能的放棄輕鬆，可能的自找苦吃。

當有選擇出現的時候，就是故事的機會。

沒有選擇的奉獻，常常只是一種差事。

缺乏自由意志的故事，常常也只是另一種神話。

沒有被恰當描繪的情境，讓人無法理解那個心境，那讓人無法進入故事。

我們或許不一定有像故事主角的遭遇，但必須要讓沒有在場的人理解在場的掙扎。只有那個掙扎，才能展現那個選擇的美。

那些偉大的，幾乎像個聖人的，就先去找尋他犯的錯吧！

那會讓我們更加認同。

能投射到人心的，才會有投身到其中的機會。

不要自嗨。

你的故事沒人理，也就沒你的事了。

這句話，也許不精確。應該是，你說的故事，都不算數了。
那不是白說了？那不是浪費嗎？
還不如，省起來，不要說。
有時候，安安靜靜的，繼續做，就好。
如果你沒有什麼好說的。
要說，就好好說。

ESG 心法

1. 講真實的故事，講生命裡的難題，那故事會很迷人。
2. 檢視故事的獨特性、稀缺性，避免傳播資源的浪費。
3. 能投射到人心的故事，才會讓人有投身到其中的機會。

5 你最難解的問題，可能就是你最有影響力的答案

在最荒蕪的地方，開出最盛放的花朵。

你家有什麼問題，可能就是你的禮物

我的原生家庭給了我兩個禮物。

我十七歲時，媽媽車禍腦傷成了失智症患者，需要長期有人陪伴照料生活起居。我的媽媽在那過程裡，給了我好多別人無法擁有的經驗。我會試著去同理別人，試著想像別人在我不理解的狀態裡的行為，試著思考我該如何和思考體系跟我截然不同的人溝通。

我十七歲就開始練習，所以，當我二十四歲進入職場，開始做廣告傳播業時，我可以快速上手，因為我已經練習了七年。以職場經驗來說，算是個資深人員，我只要進一步掌握溝通工具，就可以比其他同年的人更快理解。因為這個行業的本質，就是要跟大眾溝通，就是要跟不同生活型態的人對話，而那不就是我過去每一天每一分鐘都在預習的嗎？

讓問題轉化變成答案

我常覺得，我很幸運。在二十八歲因為獲得廣告獎項的創意積分，被國際廣告創意組織 Gunn Report 評為台灣排名第一。說起來，不就是我媽媽送我的禮物嗎？

還有，我可能是台灣最懂得拍失智症的年輕導演。

一般失智症好發於七十多歲近八十歲，許多失智症患者的兒女，可能也年近五、六十歲了，以影像創作當導演的年紀來說都晚了。

我三十歲出頭，就能充分掌握失智症患者的每個細節，清楚失智症家屬的所有苦處，創作出一般人無法想像的荒謬情節，並且可以在現場指導每位演員的演技，那都是因為我就身臨現場，我熟悉每一段故事。

我目前至少已拍了五支關於失智症、長照的企業品牌微電影，而且都邀請到金馬獎、金鐘獎的影帝影后來演出，創造數百萬的瀏覽數，獲得Google、YouTube大獎肯定。

那，你又怎能否認，我接的失智長照影片工作，不都是我媽媽送我的？TOYOTA的「兩個爸爸篇」、故宮博物院的「記憶在手心篇」、台灣中油的「家家有本難念的經篇」，我拍的都是跟失智有關的議題，為什麼呢？

告訴我，你的企業對當代人的價值是什麼？

如果很難回答，那可以去思考，當代人的問題是什麼，然後試著提供答案，試著用你們企業的資源提供解決方案。

失智症是當代全球人類都得面對的病症，有人認為在老年化的國家，未來將會有四分之一的老年人口罹患失智症。

四分之一的意思是什麼？

台灣現代許多年輕人未必想生小孩，不過，無論如何，只要你是人，一定會有父母吧！

四個有一個的意思是，你的父母兩位，加上你伴侶的父母兩位，四位長者可能就會有一位失智，那，這算不算是普遍的問題呢？

這會不會是台灣重大的社會議題？如果幾乎每個人都需要回答這個課題。

那這不就是你可以投身的議題嗎？

對於議題，你可以有具體的解決方案，更可以有面對問題、提出問題的責任，讓更多人關注，讓更多人參與，也是一個開始。

社會的問題，就是可投身的議題領域

做車子的，可以關注，因為車就是你拿來載運家人的，車子更可說是家的延伸，你怎可以只想到要賣車，卻沒想過車可以在家的領域中發揮作用呢？

我就曾經開著車，在城市裡不斷來回的繞，只因為我媽媽又走丟了。

更別提每一次的失智症門診，我都怎麼帶我媽媽去？當然是開車呀！你的企業當然可以有角色，當然可以在這個領域參與，提供社會責任，並參與永續發展的目標達成。

故宮博物院的文化器物，若沒有人賦予意義，不就只是鍋碗瓢盆嗎？而文化上的意義常來自於記憶，假若一個罹患失智症的前故宮科長依舊去上班工作，那不是一個對話文物的奇妙情境嗎？一方面表現他始終在乎工作，另方面更能帶出故宮文物在人心中的情感位置，而不單只用「國寶」兩字帶過。

更有意思的是，如同剛剛提到的，失智症是現代熟齡人好發的病症，我一去查考，果然這樣的故事就真實發生在故宮博物院內。這不正是一個品牌參與社會的美好契機嗎？更能夠在溝通的過程裡擴展自身的影響族群，創造更大的影響力。

◎記憶在手心篇

故事中由謝盈萱扮演的女兒，最害怕的，就是失智的父親，有一天連她這女兒都不認得了，這其實就是我自己的心情。

台灣中油大概是台灣市占率最高的加油站，幾乎只要有交通工具的人，都會被他們服務到，「我為你加油，你為台灣加油」，正是他們企業的公關說法。那麼，失智症議題這樣一個需要人們關心鼓勵的特殊情境，不正是非常值得投入的嗎？

譚艾珍飾演的失智症母親，其實就是以我媽媽為模特兒的。每次我回家，跟我媽媽報告後，她都會立刻忘記，幾分鐘後又跑到我房間責問我回家怎麼沒有跟她說。接著，通常會重複一樣的對話，問我當兵了沒，有沒有存老婆本。

然後，我說，我當過兵了，而且也結婚了，媽媽就會生氣。

媽媽會氣得說：「你結婚怎麼沒有找我去？」

這時，我就得趕快找出婚禮時拍的全家福照片給她看，證明她有去。

她就會看著照片，不好意思地說：「抱歉，我忘記了。不過噢，竟然有人願意嫁給你?!」

我大笑。

我常常覺得，家家有本難念的經啊！但是，那些難念，終究難忘，日後你一定會想起，你一定會珍惜，你甚至會慶幸，你在那段時間，沒有錯過。

而這些我深刻有感的，當然也會在傳播上成為力量，因為其他人也將深刻有感。

那就是資源的不浪費。

◎家家有本難念的經篇

創意無所不在，尤其在艱難領域

母親因腦傷罹患失智症，多年下來，對，那個多年，已近三十年，我從青少年進入中年。我閱讀世界的方式，可能因此有所不同，或者也可以說，價值觀變化極大。

我讀得懂創意，並清楚知道，創意比錢大。因為，金錢無法完全回答失智症這一題。

可是，創意可以。

我因為陪母親回診，多年下來，跟母親的醫師白明奇所長成為了朋友，從他的身上，我學到很多。

他發現，失智症患者更需要互動，需要外出，因為外出需要把自己打理好，而與人互動更是對大腦最好的刺激。

他還發現，欣賞畫作，聆聽音樂，並嘗試以自己的話語、自己的繪畫回應分享，是非常好的藝術治療。

他從這提出了台灣博物館平權運動，鼓勵失智症患者的家屬帶患者去逛博物館，不要再像過去的思維，因安全考量而把人關在家裡，那是一種人權的剝奪。反而應該多帶他們外出走走，和人互動。

許多醫學案例，都支持這個藝術介入的治療理論。

有位九十一歲的阿媽，因失智症誘發憂鬱和被害妄想，後來接觸了藝術，在兒子媳婦的引導下，五年內畫出上百幅畫作，還受邀開畫展。曾是台灣臨床失智症學會理事長的白明奇醫師讚嘆：「老天奪走她的記憶，便會補償她藝術。」這根本是生命奇蹟。

白明奇也開了「藝術介入老人與失智」課程，還在診間裡開社會參與處方箋，他主動洽談台南市的大博物館，台史博、奇美博物館、台灣文學館、成大博物館，發行藝術護照，讓失智症患者及家屬去參觀，還可蒐集蓋章，因為這是藥物以外的治療方式。

你說，這不是創意嗎？我們通常認為失智就是腦力的喪失，那麼，這創意，不就是在你以為最荒蕪的地方，開出了最盛放的花朵嗎？

我們都知道醫學講究嚴謹，那如果連如此嚴肅小心求證的領域，都能夠觸類旁通，運用這世界的資源做橫向連結，好去創造並維繫人類的未來，那麼，有更多資源、有更多力量的你，怎麼可能會沒有足夠的創意，參與這個議題呢？

你當然可以在這裡善盡你的社會責任，你的公司一定有可以提供這問題的解決方案，只要起心動念，一定會有答案的。

ＥＳＧ除了社會責任外，也包含公司治理，你的員工就算沒有小孩，勢必有父母。投身高齡失智照護的社會參與，絕對是你公司治理中的一部分，讓員工的家屬妥善有尊嚴，你的員工也會在工作上能夠專注，有精采的回饋，怎麼可以錯過呢？

要不要，跟我一起，投身這一塊？你很難後悔的。

你難以照顧的，就是別人期待被回應的

另一個禮物是，我的父親，在我三十三歲那年確診肝癌，在我三十八歲時過世。

我從二十六歲就開始陪他去門診追蹤肝臟狀況，經過好多次的切片檢查，長期觀察腫瘤變化，直到確定為惡性腫瘤後，累計十多年的陪診經驗。一連串的檢查，不斷的住院，來回和醫護討論，在大出血時緊急住院探究各種治療的可能方法，我得同時在廣告公司當創意總監，台南、台北兩地奔波，把高鐵當腳踏車坐，把急診室當運動場，以接近一般人去運動的頻率，體驗蠟燭兩頭燒。

我手上的病危通知書，常常比許多急診室的實習醫師發出的還多。每每從他們手上接過，我還會安慰臉上帶著羞赧和遺憾表情的醫師，不要覺得不好意思，我收過很多了。

這讓我比起同輩人來說，超齡早熟。

我在父親癌末時，辭去工作，陪伴在他身旁，珍惜那最後的兩個月。

我感到幸運無比。

我在父親癌末、精神矇朧時，看到窗外太陽出來，想說帶他出去走走。我開著休旅車，到家附近安平的海邊晃晃兜風。癌末病人忍受著痛苦，臉上都是苦苦的，但，那天我看到，陽光穿過車窗玻璃打在他臉上，他臉上出現了我許久沒看到的笑容。

五天後，我又看到那笑容，我的父親就回去天家了。

尿布濕紙巾奶粉，是我們帶小孩出門遠遊時得準備的，很有意思的，也是照顧長輩必須勾選的清單。

小時候，爸爸的朋友說：「幹嘛那麼麻煩帶小孩出去玩，他們又不會記得。」但我爸還是會帶我們去玩，爸爸總是說：「他們不記得，但我會啊！」

那麼，當父母因為病痛不太記得時，我們不也可以跟他們過去一樣，帶著父母出去走走，雖然他們不記得，但我們會呀！

TOYOTA 的第一支微電影「家族旅行篇」，就是我和父親最後的出遊，「家族是場旅行，在一起就是目的地」，是我的感受。

◎家族旅行篇

今天長照問題，已經是各個家庭都得面對的，但除了其中的苦楚外，不妨延伸去談在那負荷裡頭，你會記得且在乎在意的。

面對生命，誰都沒有把握的，更該好好把握。

從我個人的角度來看，父親的罹癌，不也成為了我理解現實的養分？不也讓我比起其他導演，更能體會夾縫世代的苦楚，更能在創作上拿出精采的作品嗎？

就算我再沒天分，我只要想到要拍出我經歷的十分之一，我就給自己設下了一個還不低的標準，那，我的作品，是能有多差呢？這確實是我爸媽送我的禮物。

從企業的角度看，面對整個高齡化社會的公司，不也可以在這上面著力？任何人，一定會有長輩，一定也會成為長輩。敏銳的你，怎麼可能錯過這個巨大的做點？

你一定可以把這設為你的ＥＳＧ目標，把公司的資源投注在這一塊，因為許多人需要，你一定可以在這上頭盡一份力，並且在未來藉由恰當的方式溝通傳播這個議題，同時贏得高度的肯定與讚賞。

眼前難以照顧的，可能就是整個社會期待被回應的，要把握。

你不關心世界，世界也很難關注你

最後，讓我以這來對話。

我對父親的印象，總是安分守己，規律上下班，從不交際應酬，上班之外就在我們身旁。

另一個最深刻的印象就是，我的父親每天看六份報紙。

我現在每天早上沖咖啡吃早餐看報一個半小時，幾乎就是因為我的父親。

秀才不出門能知天下事，只是基本門檻，理解世界，才能在世界生存。

我女兒雖然還不識字，但每天下午兩點，會自己打開網路，看疫情記者會。

另一個更積極的是，你得試著參與世界，世界才會有你的存在。

每個企業，都得進一步關注世界，為世界盡一分力，且這習慣愈早愈好。

一開始，你會以為參與公益是在幫助別人，後來你會理解，你是在幫自己，幫自己的企業。因為公益其實是公共利益的縮稱，而公共利益是最大的利益，參與公益的過程裡，你很快就能讓組織一起理解全盤的樣貌，並且彼此養成憂患意識。更棒的是，因為一起關注，你們有共同的話題，你不必擔心整家公司在一起沒話講，沒有凝聚力。

還有一個重要的機會點，當我們整天想要教部屬如何取捨，卻苦無恰當的教材時，其實，可以思考：當你面對人生巨大的問題時，取捨是當下電光火石間的事，你馬上就很清楚該如何選擇。

只是，你要等到企業遇到危機時才來思考嗎？

還是，在日常裡面對他人的苦難，並在伸出援手的同時學習？

我跟你保證，當你的夥伴願意伸出援手，當他的手在付出後收回來的同時，他手裡已經掌握了新東西。而那東西，絕對是你給不了的，那可能是來自其他生命的勇氣，可能是來自對其他生命的憐憫，可能是你這輩子給他最好的禮物，而奇妙的是，那絕對是你用各種企業內部訓練不來的。

當代企業，必然是個參與世界、影響世界的企業，否則，將被世界吞噬。

與其談企業價值，不如和你的企業坐下來談談，你的企業對世界的價值。

ESG 心法

1. 思考當代人最迫切的問題，試著用企業資源提供解方。
2. 在社會議題裡尋找企業角色，投身其中，負起企業責任。
3. 將企業的ESG對外溝通，以有趣味、有感情的故事傳播出去。

二

用創意，讓那些精采的，總是美好

6 綠藤生機的選擇（上）：哲學先決

你的哲學是什麼？你會怎麼「選擇」？你的品牌願景是什麼？

說來奇妙，但哲學先決

綠藤生機是台灣一家新創公司，一般新創圈認為很多公司三年左右就會被淘汰，而這家公司很不簡單，來到了第十年。他們想做對環境、對人體都是無毒、是好的個人清潔用品，他們做到了，甚至也被市場所接受。

創立十週年，他們想做一支影片，便找上了我。我習慣先對話，先理解彼此，知道我們要做什麼。以這件事情來說，我覺得它更是極度的需要高度。

我說的高度是，哲學先決：你的哲學是什麼？你的品牌願景是什麼？

我們應該先對話，但不必然得是冗長的，不必然得是繁複的，更不必然得是非常官方死硬呆板的，如同報紙頭版下方類似公告型的，或者有些社區在電梯裡張貼的公告，你知道那些字眼，那些話語，都是生硬、令人害怕難受，或者說不太容易接受的。我覺得這種溝通才是問題，對於做傳播、做溝通的人來說是最危險的，是要刻意避免的。

你本來不說話還好，一說就發現你是個老古板。

思考風格調性，思考你是怎樣的人

我遇過某品牌，很自豪自家衛生棉賣很好，堆起來跟台北101一樣高。這是奇怪的說法，它只說明你賺了很多錢，可以具象化，跟台灣最高建築一樣高。可是對消費者來說是沒有感情的，甚至有種財大氣粗的感覺。

我要提醒，很多時候你自認了不起、非常不簡單的成績，其實跟人們毫不相干，更沒有一點人性在裡頭。

你說，還好，我做的事是永續發展的溝通，總跟人有關。但，如果你只講數字，其實，就跟台北101的高度一樣，冰冷不人性。

你的哲學思考，意味著你是個人，你對世界的看法，你對人的看法。

綠藤生機採取相對自由開放的態度，他們想要做出不同於那種沒溫度的作品，那種冷感不是他們，也不代表他們。

我追問，你們是怎麼樣的品牌？

他們說，他們不愛高調、過分誇大、過分戲劇化；他們是比較安定，甚至有一點點安靜的品牌。

他們對自我有清楚的認同感，是好的開始，就跟人一樣，認同自我，就容易取得別人的認同。

從溝通者的角度來看，我覺得要思考的是，假如這個品牌是一個人，那他說話的樣子是怎麼樣，也就是風格調性（tone and manner），但可以讓它更貼近生活，更像是你朋友中的某一位。

他的形象會是如何、平常怎麼說話、跟你吃飯時怎麼聊天、面對困難時用什麼樣的態度、高興／難過時是什麼模樣、面對世界的問題時是挺身而出還是畏縮躲藏，甚至是很會算計、思考得失、謹慎小心的人……，我覺得這些都是可以去思考想像的。

思考這些的好處，是幫助你找到恰當的說話方式。

你要說什麼，遠重於你要怎麼說

核心還是來自於，那你要說什麼？

「你要說什麼」，其實永遠是最該問的。

最怕的是，你沒有什麼好說的，硬要說。

所以，在那個對話裡頭，什麼打動了你？那個對談裡面，什麼才是精采？那些字字句句裡頭，什麼你會用信仰來形容、來定義呢？

寫詩對於詩人來講，最重要的不是寫出漂亮的文藻，而在於他想要談的主題是什麼，他要對話的是什麼，是生命的荒謬，是苦難，還是眼前這麼樣美好的山明水秀鳥語花香，但他心中感到有些孤寂？

我認為，創意概念的核心最重要，也就是，你要跟人家談什麼。

不要怕弄髒手，要挖到東西才停

為了找到要說什麼，要像個農夫一樣，你要下到田裡頭去，你要用手去翻找，你要像個考古學家一樣不害怕身上髒，不害怕太陽大，不害怕地上有泥濘，你要想辦法去挖掘到。

那，如果找不到呢？

你就不應該再急著去耕種，你要先把土翻好，你要先找到種子，你要先播種。沒有種子，那你只是在種東西，但那裡面沒有東西，你做出來的會是空心的，這是極大的危險。

不要被時間壓力所矇騙。

沒有東西，就是沒有東西。

當你往下進行溝通，只會放大那沒有，人們會更清楚看到那個「沒有」。

我常常會覺得買東西、用東西，就是它可以給我用，我就去用。但，如果只是這樣，品牌跟品牌間的同質性會非常高，所有東西只是拿來用而已。

我選擇你跟選擇他，跟選擇另外一個他，差異並不大。

所以我們永遠在問為什麼？還有嗎？還有差別嗎？差別在哪裡？

把對話框放在頭上

我們每天講很多話，有些是垃圾話，有些是笑話，有些是廢話，有些是喃喃自語，有些是淅瀝呼嚕罵人的話。但如果這些話要放在你的墓碑上，你會說：啊！不行不行，這些都不合用。

想像我們頭上有個大對話框，像是商店的招牌，當你走在路上人們會看到，但它更像是你的人生座右銘，那會是什麼？

座右銘不一定非常的八股。譬如，我爸在晚年時跟我說：「我看你這輩子大概不可能會成為有錢的人，那你是不是可以做個令人懷念的人？」這就是我爸給我的交代。

「無法做個有錢人，但是可不可以做個令人懷念的人」，這些字句我們小學三年級就學會了，甚至學齡前的孩子也聽得懂。

容易懂，又有寓意，這是我們要追求的。

也就是說，對於對方而言，什麼是他的信念，這才是你要書寫的主題，這才是你要花力氣去對話的。

所以，對詩人而言，最重要的是「主題是什麼」，而這主題應該對你有意義，也對世界有意義。抓住主題後，接著才是如何用我的創意、文字、話語，賦予它詩意，賦予它比其他人的話更強悍的後座力，與不同的展現。

有些人的魅力，來自於他給你的字句，每個字你都看得懂，但你看完，會覺得他帶你去到宇宙的深處，到人類還未探索過的星球，我覺得那很美。

美不在於它帶給你的東西，而在於它如此慷慨，它如此願意用它的聰明才智，用它的時間，賜給你一段精采的旅程，一段精采的探索之旅。

不只要賺錢，要賺到比錢更大的東西

我又多去爬梳綠藤生機幾個創辦人的資料，才曉得他們本來在金融業，而且做得非常好。可是他們覺得賺了那麼多錢，卻沒有賺到快樂，沒有賺到平安。

他們思考，也許回到人本身才是重要的，所以他們思考，是不是可以做對人、對環境友善的品牌，我覺得這是非常美的一件事。

這就是它與眾不同之處，也展現這個品牌在永續發展上的差異。它當然要夠好，才能生存十年，而且開花結果。

最重要的是，這個好是來自於對人的尊重，來自於他們對於職涯和他人不同的巨大差異；也就是他們不只選擇金錢多的那一方，他們不只要賺錢，注意，不是不要賺錢，而是，不只要賺錢。不賺錢其實稱不上事業，因為它無法永續經營。他們要的是，賺到比錢更大的東西。

這就值得一說，值得花力氣去深談。

就算放在個人職涯規劃上也很合理，賺錢是基本的，讓你可以去進行你的下一個計畫，那是讓人們理解你、認同你的基本門檻，但你一定有一個更強壯的東西。

我找到綠藤生機這個很特別的差異，就是他們放棄了世俗標準認定的優渥金錢報酬。他們有一個信仰，想把人擺在最前面，追求B型企業（對世界最好的企業），期待共好，期待環境跟他們一起有利，他們的每一個製程都在追求對環境減少傷害，同時對人體創造好的效用。

而他們的這個信念，這個行為本身，你會用什麼來形容他？

那當下，我想到的就是選擇。

他們做了一個選擇，這選擇不只對他們好，也對世界好，對別人好，對環境好，對他們的孩子好，對他們朋友的孩子好，對他們朋友的孩子的孩子好，我覺得這就是核心，這就是你一開始想，而且必須要想辦法挖掘出來的。

如果是你，你會怎麼談「選擇」？

你是怎樣等級的導遊？你是怎樣的吟遊詩人？

我認為，溝通者基本上就是導遊，溝通者應該要告訴自己，我今天的工作是個導遊。而導遊有等級之分，有很一般的，或者是大英博物館的藝術導覽員。那你是怎樣等級的？你要跟人們對話的是靈魂的深處？還是眼前這個東西值多少？

眼前這個東西多少錢看價目表就知道了，他不需要聽你講。如果要聽你講，你的價值在哪？你帶給他什麼故事？你用什麼語調來說？

我的意思是，既然已經有永續發展報告書，那你這溝通者還有什麼角色？

一定有的，因為一般人不會想看報告書，他們要看故事。

你得是一個說故事的人。

我認為好的溝通者，應該是個吟遊詩人。

在過去，不管東方或西方，都有這樣的一些人物，拜倫、雪萊，在東方也許是李白，不管到什麼地方，什麼國家，他們在乎世界、時事、環境，而且用他們獨有的文字跟人們對話：這個時代裡頭的呼吸是什麼？這時候我們的掙扎是什麼？這時候我們的苦痛是什麼？

杜甫在國家有難時，用優美的字句跟你對話：「國破山河在，城春草木深。感時花濺淚，恨別鳥驚心。」在那麼艱難的狀態下，我覺得那是力量。

人是柔軟的，人也有力量，會需要掙扎。但人是會沒力的，不是永遠都能夠持續奮戰，在沒有辦法的時候，卻仍舊奮戰不懈，我覺得這才是魅力。

你先想一下，想了就是你的

那綠藤生機的選擇會是如何呢？

你先想一下，我期待你想一下。

千萬記得，任何人跟你說他做了什麼，聽完之後，那也只是他做了什麼。

我認為，你應該在聽他做了什麼之前，先理解他的難題、他的題目是什麼，然後去想，那你會怎麼做？

想完之後，再來對照他做的。也許你想得比他好，也許你想得比他不好，都沒有關係，重點是你也有想，這樣才有意義。

如果你沒有想，那你就只是一般觀眾，跟過去那個看到他作品的人一樣。這是專業，不是一個職業級的、一個專業級的人該做的。專業的你會怎麼想？你會怎麼做？你會怎麼談「選擇」？那是真正你可以得到的東西，而那東西沒有人能搶走。

想一下，想完之後，我們再來討論。

ESG 心法

1. 你的哲學思考，意味著你對世界的看法，你對人的看法。
2. 讓你的品牌貼近生活，像是你朋友中的某一位。
3. 把人擺在最前面。不只要賺錢，還要賺到比錢更大的東西。

7 綠藤生機的選擇（下）：不打擾就是我的溫柔

如果真的要打擾呢？那當然得要更溫柔。

打擾跟打擊

其實每個人都有掙扎，每個人都有選擇，那憑什麼我要在乎你的選擇呢？憑什麼這世界應該理解你的選擇呢？

這是許多做傳播的人會忽略的東西，也就是「我講你就要聽」過往那種單向、傳統的傳播方式，已被證明是無效的。你的訊息要被人們聽見，是因為人們選擇要聽你，不是你選擇對方要聽。

不要再那麼自大，不要再那麼傲慢，你應該想的是，當你需要去浪費別人時間的時候，你可不可以讓這件事變成一個禮物，你可不可以不要讓這件事情變成是一個打擾，否則你的品牌會遭受到打擊。

打擾跟打擊，其實很靠近的。

不打擾就是我的溫柔。

那如果真要打擾呢？

那當然得要更溫柔呀！

所以回到這個選擇，我認為應該得是有詩意的。

要有樣子，不要埋沒在人海中

這個品牌在所有個人用品裡，其實是有一點點的特立獨行，但它的獨特不是那種高調吵鬧喧譁的，反而像是在說：啊！當大家都做得很豪奢、很過分行銷時，它反而是特立獨行的低調、穩重扎實，埋頭在自己關注的事情上。

因此我認為它的溝通也應該是這樣，有一種不同以往的氣息。

你會說，大家都會想要不同。

你去看廣告，其實品牌的做法多半很相像，這也是屬於他們產業上不容易跨越的障礙吧！

但，如果跨越了，你就會很跳躍。綠藤生機的溝通方式就很有樣子。

多數人很沒有樣子，埋沒在多數人的樣子裡。

讓傳播埋沒在人海裡，叫滅頂。

說話的對象，可以是你說話的樣子

簡報時，他們聊到很多使用者、愛用者的樣貌：「文青」。儘管那個字眼不精確，但是，一說出來很多人可以立即懂。

怎麼定義文青？就是相對來說，文青更重視環境，在乎人的議題，在意公平，在乎正義，在乎精神層面多於單單只有物質層面；他們在意個人的經營，也在意人與人的連結。但是，不喜歡完全只用世俗標準來定義自己。

他們有想法、主見，也願意分享，在社群媒體上相對活躍，也願意積極參與對話。這裡的對話，包含在社群媒體的貼文，轉貼別人文章時加上自己的觀點。我覺得這是很獨特的狀態，也就是一個特殊的品牌吸引特殊的人。

說起來，這樣特殊的品牌、特殊的人，在現代慢慢成為主流，形成一個巨大的消費族群，這也是一種文化現象。

在這樣的思考底下，假設用文案這樣的字眼來講，他的文體可能也會有屬於他的模樣。

所以，我更認為可以嘗試用詩的方式來溝通。

但是不要誤以為文青是什麼「左膠」分子，沒有那麼的光譜極端，他們還是偏中間大的那一區塊。既然是做品牌，要抓的永遠不是最尖的那一邊，反而是比較主流、中間的那一塊。

你可以思考對方說話的樣子。

要講話的對象的樣子，常常可以是你講話的樣子。

把握語法，創造出格調

要把握住格調，讓人們容易理解、容易懂。

如果今天我寫的是一首古詩，對人們來說可能意義不大；但是我如果寫的是像夏宇那樣的詩，甚至是如諾貝爾文學獎得主巴布·狄倫那樣大眾可以理解，又直擊靈魂深處的作品，你的作品一定會不太一樣，反而能創造出不同過往的興味。

有一部電影叫做「猜火車」，我覺得那是一部高度反映那個世代英國年輕人，甚至是全世界年輕人心理上的一個困境，或者說掙扎，想要掙脫。

電影中有大量流行元素，最有名的就是預告片裡伊旺·麥奎格的旁白。伊旺·麥奎格已是了不起的演技派演員，但當時他只是個年輕的主角，然而那段他用類似 rap 的方式去談選擇，過了二十年，對我來說還是很精采，很經典的。這個作品創造的文化意義，或者是說就用這個形式來放在我們想要對話的文案上，都會是可以參考的經典。

不認真生活的，無法影響生活

在日常跟生活中，你要不斷選擇，然而過程裡你可能沒那麼的放在心上，就好像選擇洗髮精、沐浴乳，好像不該花太多時間去講究，但事實上你應該講究。這個講究的過程，其實就包含了你要對話的主題本身。

我很愛分享一件事情，就是我們每天都在投票，你用鈔票投下你的贊成票。你選擇某一個品牌，因為你理解它的觀念；你選擇某一個商品，來自於你認同這個商品存在的意義，它不會造成太大危害，它是在一個公平正義的原則底下存在。

我是這樣生活的，我是這樣拜託自己，如果可以的話，盡量多想一點，我發現這個品牌創辦人也是，這品牌的愛用者也是。

這邊就產生一個有趣的交集：你有在生活嗎？

很多人說「做傳播的人沒有生活」。如果有人這樣告訴你，你也認同，那我只能說，你只是一個做傳播的，你不是一個做好傳播的人。

能夠做好傳播的人，他一定是有在生活，而且是很認真的在生活，他活得很好。

他活得很好不是因為他賺比較多錢，不是，是他很認真的活。

我最好的朋友，龔大中，他非常非常認真生活，他不是要用最貴最好的東西，可是他要尋找，他在挖掘故事，他很在意。

他常找我去吃信義區一家沒有冷氣的小店，我們通常坐在路邊、人行道旁吃，熱得要命。掌廚的是幾位七、八十歲的爺爺、奶奶，餡餅等食物端來之後，他們也給自己做了炸醬麵當員工餐，他們會說：「欸，小兄弟，你要不要試看看？」我們喜愛的是這個，我們愛這樣的食物，不是因為多高檔、多貴，或是多便宜，而是愛那濃厚的人情。

我們坐在這裡的一時半刻，就享受這些爺爺奶奶、大哥大姊的笑談，就陶醉在這些人情裡。

你認真的活，就可以認真的說出點什麼。

要賺到故事

這就是生活，這就是你在意。如果你認為工作換取的只有金錢，那你必定是個低收入戶。因為若只有拿到錢，那你的工作能夠得到的東西，實在是太少了。

除了賺得金錢，工作應該要賺到故事，要賺到你對自己的認同，它應該讓你覺得做這份工作是有成就的，你應該要試著讓它有故事，讓它深刻，這是你做為一個專業工作者應該做的。

你不是只有做工作，你在做作品。你的生活，每一天都該是個作品，你不必去跟別人說，但是你自己知道，你在每一次的選擇上，你是用心的，用力的。

別人看你很優雅，但你是很優雅的在掙扎，我覺得這才是核心；然後，也應該這樣回頭來要求自己的作品。

你在做的東西，才會有影響力。

綠藤生機：選擇篇

我們每天都在選擇

選擇商品
選擇食物
選擇伴侶
選擇工作
選擇工作裡的選擇
選擇人生

有選擇的　應該盡量選擇好一點的選擇
因為你的選擇　會成為別人的天花板

許多人沒有這個選擇
沒有像你有這麼多選擇的人
只能從這往下選

有選擇的　應該盡量選對世界好一點的

你知道什麼比較好
你一定知道

雖然比較好的選擇
不一定是比較容易的選擇
但日後　你會比較容易面對
終究　是你選擇了　你

你是有選擇的

有選擇的　應該盡量選對後面的人好一點的

在你選擇後
你得回答一個問題
為什麼變成這樣子

總有一天
你得回答你自己
你的選擇為什麼是這個選擇
你……
你可以不回答

那也是你的回答
但那不會改變你的選擇

你選擇成為這樣子
你選擇讓自己成為做這選擇的你
我們過得很好
可以選擇更好

有選擇的　應該盡量選擇好一點的選擇

選擇
好一點的你

◎綠藤生機選擇篇

掙扎的感覺，是真實的感覺

所謂的掙扎，不是一次性的，它是持續不斷的，而這些掙扎，也是你的選擇。

這跟永續發展很像，以個人用品來說，你每天都要洗澡、洗臉，幾天就會用到洗髮精，那洗愈多次，對環境的衝擊會不會愈多？

那你要不要因為這樣而選擇好一點的？

真正的永續發展，一定不會是單次性的，而是不間斷，是重複，是尋求持續性的。

我覺得應該在溝通裡也讓人們有這種感受。在這個作品裡你會感受到一種重複性，除了來自於詩本身那種表達方式，其實它是對應到行為的日常，高度的重複性。

你不斷聽到旁白講到選擇選擇選擇，它除了在創造閱讀性的容易之外，其實也在回應商品本身。

這世上的所有人，天天都在面對掙扎，他們隨時會想要放棄自己面對的辛苦。

你應該把這放在心裡頭，你應該要看到他們過程中的苦難，而那個苦難、那個辛苦、那個折磨，其實很多時候是會吸引到人的。

但不是要你大聲講我每天都好辛苦喔！我每天都加班熬夜，不是那種辛苦，而是你心裡頭的掙扎。

就像談戀愛的過程裡有愛，可是你說只有快樂嗎？當然也會有痛苦、有爭吵，有時候你也會想放棄。

我覺得永續發展的經營，就像戀愛關係，而這關係絕對不會只有風平浪靜，一定是有數不盡的風風雨雨，而他們一起平安度過。

這才是美的，這才是真實的。

這才有魅力，絕對比粉飾太平來得理想。

掙扎是美的，掙扎是真實的，不要刻意遺漏了它。

用視覺的分隔線呈現詩意的影響

有人說，我們怎麼影響世界？當然可以啊！你是世界的一分子，改變自己，其實就在改變世界了。

綠藤生機追求的永續發展，就是從自己的生活開始做起。他們一開始，先改變每個小小的個人的生活，這就是他們對世界負責任的方式；然後，我們去改善自己小小的生活，也是我們對世界負責任的方式。

所以這個影片裡的分隔線，一直被推移。

一邊是我們的世界，忙碌、擁擠、疲憊，甚至帶點無奈；但這其中，也可以有屬於個人追求自由，追求寧靜，然後畫面慢慢被出力推動，彷彿小小的個人本來是被壓迫的，但是他慢慢生出影響力，甚至得到了一個完整的畫面，影響了整個世界，我覺得這也是詩意的表現。

不要覺得詩意只是寫得像個詩，而是，你的整體思考是有詩意的，有美感的，有主體意識，是想過的。很多人認為，反正影像就影像，文字就文字，聲音歸聲音，不是這樣的。就像你不會期望自己的長相跟講出來的話脫節，你應該不會只把頭髮弄好，下半身沒穿褲子就出門，不是嗎？

我們應該要兼顧各個方面，讓詩意的影響力發揮出來。

我們在執行製作的時候，本來就希望是二元的：你和世界。

它會有一個對照的感覺，不是說誰對誰錯，而是說，你和這世界可不可以有所區別？到後來，這個區別甚至是你可以反過來影響世界。

你看，不就只是一道分隔線而已，那麼細，幾乎看不見，卻充滿了力量。

更何況是你？

聲音是我們可以掌握的武器

聲音，其實是很奇妙的東西。

很多時候無聲勝有聲，也有很多時候，有聲勝無聲。

那你要怎麼判斷？這要從你眼前的媒體環境來思考，也要回頭想想你的文本，你真正要對話的主題是什麼，而這決定你文本的模樣。當我選擇詩的時候，它比較像是從你心裡頭出現的心聲，心的聲音。

如果我要告訴你我很愛你，而我直接說「我愛你」，通常你只是聽到而已。但是如果我用各種不一樣的話語，比方說我想跟老婆表達我愛她，我每天寫一張小紙條，紙條從沒出現我愛你這三個字，這樣的紙條內容天天不同，但天天都出現，那她能不能理解我愛她？

會。

會不會比我只說我愛她，她更有感受？

會，一定會。

如果我讓你聽見我的心聲，你會不會被我打動？

疊合，加乘，不要害怕沒做過的事

如果你聽到自己的心聲，同時又聽到別人的心聲，那會不會更美呢？

當這兩種心聲疊合在一起，你不孤單，你有同伴，你們一起面對這世界的問題，然後你們安靜柔軟，但是你們繼續在掙扎，沒有放棄，我覺得這會有魅力。

這同時說的也是我們對話的對象，就是這一群對這世界有負擔的人們，同時在講這個品牌，我只是沒有直接說是誰。

聽到自己的心聲之外，也聽到別人心聲，這樣的方式，在過往是少見的。

很多人應該會立刻說，這樣會不會聽不清楚？

那，就想辦法讓它被聽清楚。有些東西是一開始判斷就覺得不可行，那當然就不要做。可是我愈來愈常問自己，為什麼不行？會死嗎？不會死那為什麼不試試看？

除非是既定標準，我們就要追問這標準是對誰造成好處，對誰造成壞處。如果都沒有好處，就不應當挑戰那個底線。

可是，有很多是約定俗成的，或者只是我們沒想過要去做，或大家都沒這樣做，所以你就不去做。那，你憑什麼說，你是有創意的？

我覺得，溝通的創意，就在爭取那個框框，那個邊線。

你知道這裡是有限制的，你就貼著限制走，就好像網球比賽，你讓球愈靠近邊線但又沒有出線，沒有成為界外球，那不就是你的能力所能創造的最大空間嗎？那就是創意。

那我可不可以同時聽到自己的心聲又聽到別人的心聲，那會是什麼感覺？那會是疊在一起，聽不清楚嗎？

如果聽不清楚，那我用什麼方式讓它被聽清楚？

就算真的聽不清楚，但它每個字句是那麼容易理解，沒有任何艱澀的字詞，那會不會人們最後還是可以懂？

果然。結果是好的。

那聲音的疊合，因為沒做過，就經驗值來說，不也可以解釋為還沒有發生錯誤過。

還沒錯的，就很有機會不錯啊！不是嗎？

不要太害怕沒做過的事。

詩意的選擇，通常不會太失意

其實，那個男生的聲音是我配的，為什麼是我配的？

只是因為我覺得那一整段是我想我寫的，也是我相信的，那我來試著唸看看，好像還不錯。我也不知道好或不好，但是做出來之後覺得還可以。我們又找一位專業的女聲，好讓我們的音頻雖是不同，但又可以疊在一塊，不會有衝突，甚至，某種程度也代表人類的幾個族群。

這些其實都來自於詩意的需求，那詩意不是為了詩意而詩意，而是因為它是有意義的。

詩是有意義的，來自於它給人一種美的感受。但我無法隨便就跟你說，反正就是這樣比較美。我要回答你的是，它是有目的性的。

這樣的結果可能對我們這時代的人類而言，是屬於美的，也許二十年之後，就不一定了。

有意思的事情是，我覺得那些純粹的東西，那些良善的東西，雖然時代變化、科技進步，可是那些東西反而會比我們都活得久。

我會建議你多一個這樣的思考，也是我目前工作的準則，我希望我的作品活得比我好，活得比我久，我希望我的作品比我這個人活著的時候影響更多人。當你這樣想的時候，我認為，你的作品會不一樣，你的作品一定會更有能量，而這整個過程，就是詩意。

詩只有寥寥幾個字，可是它能產生影響的時間尺度，絕對比那個詩人活著的時間還長很多很多。

從資源使用的角度，它創造出了實際的效用，而且可以發揮效用在更長的時間，這樣不是比較不浪費嗎？這樣不是永續的思考嗎？

把永續發展的溝通做成不是那麼生硬、只有數字的詩意作品，在未來，可能也比較不會讓投入努力的我們感到失望。

詩意的選擇，通常不會太失意。

那，你不想做出這樣的作品嗎？

你當然想，你當然可以，你當然願意。
當然，應該往這邊去，祝福你，你一定可以。
我這樣相信。

ESG 心法

1. 好好生活，認真生活，才能做好傳播。
2. 你追求的永續發展，就從自己的生活開始做起。
3. 不要害怕沒做過的事。

8 光寶的起家

在這個場域努力的員工，是公司最重要的資產。

起家厝

一開始接到這工作，我有點不知道該怎麼做。是吧？不是每天都會接到拆除房屋的工作呀！不是啦！是起家厝，在經過幾十年後要拆除，重蓋新的大樓。

這家企業做為台灣第一家股票上市的電子公司，可以用經典來形容，更可以用沉穩、但也許不要用老牌來形容，因為它的創新能力很強。

大概任何跟電子有關的創新事業，他們都有涉獵，更別提許多項目在全球市占率都很驚人。我們生活中的各種電子設備裡，都有他們用心的產品在。

可是，找我拍片，總不會只是要記錄房子拆除過程吧？那一來不是我的專業，二來會不會也有點可惜？

靈活，彎腰，呵呵笑

愚鈍的我，請他們幫我約曾在這裡工作的員工來聊天，好讓我可以進一步了解。見面那天，幾位資深員工大姊看我長得很奇妙，穿著T恤寬褲子，男生卻又留長髮，講話又台台的，笑嘻嘻的，愛亂開玩笑，逗得幾位大姊呵呵笑，她們忍不住說：「我以為導演都很嚴肅的。」

我說：「我不一樣啦！我是好相處的那種。」

因為，我要從她們嘴裡問出故事來，怎麼可能不易相處，是不是？更何況我天性懶散，大家比起我來，都會感到自己既優秀又認真，因此就很容易講出許多心裡話，這樣我才有文章可以做呀！

我們常強調長幼有序的職場倫理，不過，以當代組織管理學理論，也會希望管理者更有機會傾聽。那麼，柔軟的身段，可能就會是必要的條件之一。

當然，適度創造一個輕鬆寫意的環境，讓對方感到自在，而不是字字計較，擔心文字獄，更得無時無刻的留神。這裡所說的環境，除了燈光美、氣氛佳，當然更包含他們講話的對象。如果你讓人感到不舒服，那麼，恐怕你很難找到什麼會讓世界舒服的故事。

台灣起飛的那一瞬間

聊了之後，我才慢慢進入狀況，開始有點認識這個頗負盛名的企業。

有意思的是，因為是台灣第一家上市電子公司，更表示它見證了台灣的經濟起飛，許多國家的重大事件，在各個轉折點的歷史時刻，它也就躬逢其盛，並且參與其中。這難免讓喜歡台灣的我，會多一點興趣，想了解更多。

許多老員工在這廠區工作，不但看到了公司從一個小小的起點開始，更看到那個地區從沒有大馬路到開始規劃，從周遭只有稻田空地，到開始人群聚集，形成一個城市。

我感受到許多員工是真心喜歡這公司，且心心念念，深深在意。許多人在這裡待了幾十年，在這退休，從第一家公司到最後一家公司，都是同一家。

這是非常難得的。台灣多數企業都無法支撐太久，員工整個職涯都願意待在同一家公司，除了公司營運體質要好以外，也要夠照顧員工，提供良好的福利，才留得住員工，讓他們一輩子都付出在這裡。

他們講起許多歷史事件，包含石油危機時，台灣面對整個國際情勢的複雜，產業也得跟著升級變化；講起八七水災，大家都奔回公司，因為水淹到快二樓，所有人不分部門，會計財務部也主動幫忙搬貨物，拿起掃帚畚箕把水給舀出去。講起當年，許多人都興高采烈。

聽著他們一邊開玩笑一邊回憶分享，我好像有點了解，原來，我正在觀看的，可能是台灣經濟起飛，飛機輪子正要離開地面的那一瞬間。這樣想，就會覺得，這個工作，似乎多了些時代的重量感。

我甚至沒有意識到，就連地貌的變化，也都在員工的觀察裡。

據說，那附近原本都是稻田，也幾乎無人跡，公司安排一班小巴士載員工到馬路上，否則只有人跡罕至的小路，怕會有安全上的顧慮。

相較於現在車水馬龍、川流不息的車陣，實在很難想像當時偏僻的程度。原本公司門口竟有一座墳墓，員工上下班都會經過。

我追問：「那你們會害怕嗎？」幾乎每位都搖頭說不會，因為就是另一種住家，甚至還會感到安心。

走出大門時，我光是要從那裡上交流道，都得等上好一陣子，因為車實在太多了。難以想像這裡以前充滿了田野，更沒想到我為了更了解故事脈絡細節，好進行創作的事前田野調查，竟會真的聽到田野的事。

故事來了

他們講到員工餐廳，晚上加班去吃不用錢，就算中午也是幾十元，是真正的銅板美食，而且分量滋味都很不錯。尤其，有不少跟我一樣離鄉背井的年輕人隻身在這工作，沒有媽媽家庭的照顧，常常對於要吃什麼感到苦惱，有這個員工餐廳，解決了不少他們的問題。

說到這棟建築物的一個門，在我看來十分尋常，就是一般的安全門。結果，他們說，公司很長一段時間，都以這個門當作大門。我一聽好驚訝，因為真的小小的，不太起眼。

他們說，沒錯，因為公司一直很努力想把資源放在生產上，所以，不太講究排場門面。那時常常接待來自國外的大客戶，外國人除了對他們的技術水準精湛感到驚豔外，也對這個小小的門感到驚訝。他們難以想像一個領導世界技術水準的公司門會這麼簡單樸實。

還有個頂樓陽台，是大家在沉重工作壓力下，可以抽空喘息，看看天空，沉澱心情的地方。

不過，說是沉澱心情，有時因工作屬性間的差異，不同部門的人對於同一筆訂單立場相異，在會議上爭論外，在陽台上遇到竟然繼續爭論，爭到後來，還互相推擠動手。

我一聽，大笑。我說這也太愛工作了吧！只有真心在意投入工作的人，才會這樣。

幾位大姊點頭說沒錯，兩邊真的都是想為公司做點什麼。

還有個蔥油餅攤，已經歇業了。當年大家常常在下午時分，隔著門，伸長了手，把零錢遞出，手縮回來時，手上的蔥油餅，填了肚腹，也讓那溫度，為緊跟著的工作加了溫。

我好奇問：「你們怎麼那麼熱愛你們的工作？」

結果，答案竟是，我們不用打卡，所以，得自己負責。

人生就是一連串的聊天

光寶的夥伴看我好像對這些很有興趣，又主動幫我邀約其他更資深的同事來，有已經退休的老主管，有還在位子上但也已經待了三十年的員工。我又花了一個下午與他們聊天，筆記本被滿滿的墨水填滿，一段段他們跟我說的故事。

如果，你看我好像都在聊天，實在很浪費時間，那你就錯了。因為，這些都很珍貴呢！對方花了幾十年，十個人就有幾百年，而我只是花了幾個小時就可以得到，你說投資報酬率高不高？

更別提有許多事不深入聊就不可能會知道，所以，我常覺得，這種工夫，不能不花。

我所喜愛的導演，多數都有很棒的聊天能力。他們都可以跟初次見面的陌生人搭上線，而且是真心關心對方的生命，在乎對方身上的故事，無論是柯一正導演、吳念真導演、楊力州導演、賀照緹導演……，都讓我覺得他們是很棒的傾聽者，總是隨時能夠和不同的生命交會。

聊天是種功力，而這功力絕對有助於創作。

如果你跟我一樣常常覺得自己的生命經驗匱乏，甚至，感到自己的能量微弱渺小，那，聊天絕對是你可以立刻就去做的好事之一。

公司治理下的光榮感

在這一連串的訪談後，我開始有點想改變原本拍攝的設定。一開始，我打算找演員來演出一段故事。後來，我覺得或許可以改變一下。

轉捩點來自於，我發現有多位員工不約而同提到誠實。

有位主管分享，一次他在泰國的工廠，客戶已經下訂單，他們也從工廠出貨，只是還沒上飛機，因此他們就記到當月的銷售額裡，後來卻被稽核單位糾正。原因是，貨物還不算送到客戶手中，不能當作這個月的業績。他說，從此之後，大家都很清楚公司力求數字透明，就算成績不如預期，也不能為了數字好看而美化帳目。

也有人提到，不同部門難免有競爭，有不同立場角度，或對於資源的爭取，可是很少有所謂的路線鬥爭，也不太會有鉤心鬥角。我大膽的提問：為什麼會這樣？我說，我印象中，台灣某些企業還會強調員工要有狼性，為什麼你們公司不會呢？

幾個不同的夥伴，在不同的訪談裡，紛紛有極類似的回應。他們說，因為公司的角度不鼓勵，員工就不會往那個方向去。他們說，只要你認真努力負責，大家看得見，你不必有過分極端的舉措。他們說，誰會想讓自己成為一個刻薄殘酷的人呢？

我又追問：你們一定有很多同學或者同行在別的公司，那你們待在現在的公司有什麼感覺？

他們的回答多數是，很好，很光榮，很安心。

我想，這可能是一個在財務報表上不會被讀到，但卻是獨到的感受，員工對公司是有光榮感的。

還有許多夫妻是在公司裡相識結婚成家，並且一起退休。

更浪漫的是，他們說，在公司待上二十年，公司會送他們手錶，而且是對錶。因為公司認為，不只是員工，員工的家人，常常也是支持公司的重要力量來源。

於是，我想，已經有那麼多的故事，他們那麼在乎真實，他們有那麼多喜歡的情感，那不如就讓他們來現身說法，我只要盡其可能去創造一個適當的環境。

高度的尊榮

許多企業領導人跟我說，他們不想要聘用只會聽命行事的員工，他們想要一起創業的夥伴。

這當然反映出當代競爭環境變化快速，若員工一味等候最大老闆指令，缺乏現場快速反應，往往錯失先機。

但更進一步來說，拒絕社畜，你我有責。

舊習需要破除，常常是各家企業都熟悉但難解的課題。

於是，我提出一個想法，就是儀式。

我是這樣想的，員工是這家公司最重要的資產。雖然今天另個有形資產，也就是工廠的廠房要改建了，但重點不在於那建築物本身，而是在這個地方場域生活努力的人們。只有他們對它的情感，才讓這一切有意義。

所以，我們應該要肯定他們。我希望用如同金馬獎頒獎典禮的形式，邀請這些資深員工來，請他們穿上最莊重的禮服，讓我們用最精緻的方式，有最專業的攝影師，最好的燈光團隊，還有美好的舞台，讓他們被看見，而且是以最好的條件被肯定。

我請美術指導在舞台中央搭了一個形而上的木製房屋線條，在其中布置一個舒服的沙發區，有溫馨的桌面，有舒服的立燈，有柔軟的沙發，邀請幾位資深員工，在我的訪問下，由他們自由即興的回答。

我同時也先跟夥伴說明，他們可能沒有一般演員的流暢，可能會停頓，可能得思考，可能一下子思索不到適當言語。我說，那些都很棒，那些都很真實，一定要捕捉下來，因為那些都將成就一段精采的交心過程。

然後，我請團隊把原本的廠房以平面照片拍下，轉換成黑白的形式，並且，蒐集過去曾經在這個地方的老照片，再找來業界最大的投影機，投影到背景潔白的牆面，隨著照片一張張的變化，時間開始倒流，回到過去。

於是，你看到幾位員工，坐在那裡，望著巨幅的畫面，想起前塵往事，卻也想起眼前這個巨大的組織，全都是由跟他們一樣看似渺小卻重要無比的個體所組成，那領先全球的規模技術，更是由這些人所打造。

他們有時講得興高采烈，有時泣不成聲，有的望著影像發呆，有的忍不住哽咽，還有人看到我們準備的對錶，驚訝得說不出話來。因為那些都是他們的青春，那些都是他們的歲月。

幕後是主戲的一部分

拍攝過程裡，還有個好玩的地方，我請攝影師幫我拍片場裡的工作人員。

你可以看到平常幾乎不太有機會看到的大功率的燈，超大一顆，直徑幾乎有半個人那麼高；你可以看到約三層樓高的地方，工作人穿過貓道，聽著燈光師指揮調整光的亮度和角度；你可以看到服裝造型組正用噴氣熨斗快速俐落地整燙一成排數量驚人的衣物；你可以看到美術組來回調整陳設裡的物件，透過螢幕確認位置，好讓它們擺在一個恰當具美學的位置；你甚至可以看到總是在機器後面的攝影師，如今出現在畫面裡；你可以看到製片組正在白色的階梯上，仔細放上受訪者名牌，還不斷以尺丈量確定等距。

我為什麼要拍他們呢？

因為要呈現的是，我們精心策劃，充分準備，要提供給對方一個這輩子沒有過的經歷。要呈現那個隆重感，要呈現那個高度重視的儀式感，那需要把人們為這件事的投入給呈現出來。於是，平常躲藏在鏡頭之外的工作人員就被看見了。

而這事實上也跟這個計畫有異曲同工之妙。當人們看到一個企業外在的光鮮亮麗、叱吒風雲，其實，它常常是隱身幕後的員工所成就的。

預期外的美好

結果，一切都如我預期，甚至比許多夥伴原本預期的好。

我很有信心，是因為我清楚知道，在幾次訪談裡，我發現他們已經把我當作某種程度的自己人，可以跟我開玩笑，可以跟我說自己的糗事，更可以在我面前哭。

而另個確定的是，這家公司的治理方式沒有問題，員工的向心力不錯，我可以讓原本物質化的廠房改建，變成具紀念價值的儀式。

我相信，員工的自然表現，可以呈現這家公司最真實的組織氣氛，而這未來可以鼓勵新進員工，讓剛從學校畢業進入職場的年輕人，想像如同他們的前輩，在這個職場環境裡成家立業，安身立命，甚至一輩子貢獻所長。

我想，這是一個很精采的ESG故事，雖然主要溝通對象看似是內部員工，但，你怎能說他對其他企業沒有示範作用？你怎能說他未來對於新人招募沒有吸引的作用呢？

我想起，在這幾次訪談過程裡，面對這些曾經為公司付出許多，也同樣為台灣經濟成長出了一大份力的美麗人們，我想起自己的父母親，他們吃了不少苦，遇到不少問題，卻也給出了不少答案。

我唯一的心願，就是不辜負。

希望每家公司也都能不辜負，不辜負員工，不辜負員工的家人。

那就是美好了。

◎起家厝篇

ESG 心法

1. 讓隱身幕後的員工，有光榮感。
2. 人生就是一連串的聊天，看不同生命交會，累積生命經驗。
3. 不辜負員工，不辜負員工的家人。

9 Google眼裡的那個國中生

在世界的問題裡，找到答案。

任君取用的痛快

這已是二〇一二年的事了。分享這件事，絕不是因為很新穎，而是那過程裡感動人心的部分，經過十年，強度還是在。

回頭想，我們現在才開始比較重視ＥＳＧ，企業開始導入這樣的思考，但沒有關係，這件事只有缺席，沒有遲到。

我不是個很柔軟的人，但我在這過程裡看到很多柔軟。

我去Google聽簡報時，他們臉上堆著笑，問我有沒有想喝什麼想吃什麼，都可以拿。他們有個大小跟便利商店一樣的區域，擺著成排冰箱櫃，一整區熟食區，還有沙拉吧等，食物、飲料任取不用錢。

從ESG的角度來看，公司把員工需求擺在前頭思考；你說，哎呀！可是這樣會不會有人多拿呢？

會，但又怎樣，那不就你公司的員工嗎？他拿就是他有需要，他需要吃多一點，他需要多喝一瓶，那又如何？那會多花你多少資源呢？你的公司連這樣的資源都難以負擔嗎？讓員工有愉快的生理滿足，這些付出的成本應該都不會太高。

下一個問題：如果你不信任你的員工，那你為什麼要聘雇他？如果連在這麼小的事情上，你都無法信任他的品格，那會不會在任何業務的環節上，你都不能完全信任他呢？用人不疑，疑人不用，只是一句口號嗎？

當然，這都只是存在我腦中的一些小想法，並不是說每家企業都得仿效這樣的做法。各家企業資源不同，但就如同在創意上的思考一般，我們未必要照對方的做法，但可以想想對方的想法，並且追問自己為什麼無法有這樣的想法。

許多時候，不是我們沒有這樣的做法，而是根本連想都沒想過，那才是比較需要費力氣並且可以學習的地方。

我們都想進步，可以先讓腦子進步，身體就有機會跟上。

當你的企業這樣做了，你的員工是不是也會想跟別人分享：「我們公司拿吃的不用錢喔！」

他會跟他在不同企業的同學朋友講，而且他講的方式一定是得意洋洋，絕對不會是埋怨，這不就是最好的徵才廣告，而且是活生生讓人信服的；他也一定會跟學弟妹說，這不就成了校園徵才利器。

所有人都知道你充分照顧員工，各種對你有利的媒體報導也可能出現，最重要的是，員工的身心安頓，心情愉快，工作效能當然也會增加，情緒平穩，也減少同事間的無效摩擦，這對公司應該是利大於弊吧！

這是公司治理的一環，也是SDGs符合永續發展目標8（見33頁）的內涵，也就是尊嚴工作及經濟成長：促進包容且永續的經濟成長，達到全面且有生產力的就業，讓每個人都有一份好工作。

你看，這麼做的好處多多，說不定，還會有個好事者把這寫入書裡呢！

Something & Somebody

我想藉這機會來談另一個概念。

許多年輕朋友常問我怎樣才能成為 somebody？

我說，那你有屬於你的 something 嗎？

我想舉齊柏林為例。我跟多數人一樣，在二〇一三年「看見台灣」上映之前，還不認識齊柏林。但齊柏林還是齊柏林，他做的事都一樣，沒有改變。他一直持續做他心中的 something，他當然就是我們的 somebody，只是我們還沒認識他而已。

可是，如果你根本沒有在做你的 something，你也沒有你在乎在意的

something，那你當然是 nobody。儘管，你多麼想被看待成 somebody。

這也可以延伸到企業上。

許多企業都會急著想讓世界知道他有做ESG，但，如果做得少，卻講得多，就容易讓人感到虛。那個虛，可能是氣虛，也可能是虛假，更可能是虛偽。不過，就算虛也沒關係，至少是個開始，至少是努力想面對，總比絲毫無動於衷，完全沒有投入好。

但，我還是想鼓勵此刻可能感到有點氣餒，尤其是在企業中被任命指派到負擔這個任務的人，可能會覺得自己做得很累，卻沒有被世界相對應的好好對待，我想鼓勵你，你已經在做 something 了，你就是我們心中的 somebody。這世界有你比沒你好，那就夠了，那就夠好了。

我們都認同你是我們的 somebody，只是有些人還不知道而已，但你自己應該知道，因為你有投身其中的 something。

企業品牌也是如此，不必太焦慮於還沒被看見，只需要繼續一如往常認真持續地做下去。

你是我們心中的 somebody。

你把ＥＳＧ做好，我們來把故事說好。

優質教育和陸域生態

Google 在台灣的第一支品牌影片，內容是介紹台灣一個國中生，自費研究高鐵沿線地層下陷差異獲得全國科展銀獎。當年得獎的全都是高中生，只有他是國中生，我拍攝的影片探討的角度是他那份好奇心，在不斷面對問題時鍥而不捨地找到新的解決方法。

影片很成功，贏得許多人讚許，更成為不少老師鼓勵孩子的教材。

許多人問我，Google 為什麼願意用企業行銷的資源，投入一個台灣在地小科學家身上？這可是世界超級大品牌在台灣的第一支企業影片耶！竟然沒有宣傳它的產品有多好，反而介紹一個小孩子。

這故事非常在地化，不是美國的誰，也不是歐洲的誰，而是台灣的一個國中生。對於新來乍到的跨國品牌來說，這個行銷溝通成為極佳的對話素材。

那時候，我們還不清楚，但其實這就是在做SDGs呀！同時在處理目標4.優質教育，以及目標15.陸域生態（見32、34頁）。

他指出了環境裡重要的事情，而在他提起之前，人們並不知道。人們因此在乎在意，影片當然成功，引起許多討論。

再次證明，參與ESG，可能是企業決策最重要的一環。

高鐵上的小科學家

VO：

我叫吳承儒，十四歲，

跟爸爸分期付款，借了十五萬。

吳：請問有學生票嗎？

一個月內坐了兩百趟高鐵，常常五點半出門，
也找到耶魯大學物理課程，還學寫了手機程式，
雖然很累，
但我想要知道地層下陷對高鐵的影響。

VO：
因為我想用自己的方式去找答案，
我Google老師的名字，意外發現測量震動的方法，
自己設計了一個架子，
雖然是坐高鐵，但我都沒坐在位子上。
為了得到最多數據，每天五點半出門，瘦了六公斤，
媽媽捨不得，但我很堅持。
常趕車，也常沒趕上，
意外認識很多新朋友，

也遇上了意外，

也意外發現手機可以偵測震動，我開始學寫手機程式。

可是有數據了，不會算，分析不出來……

我找到耶魯大學物理課程，到台大學「傅立葉分析」，

那麼堅持，就只因為好奇。

旁白：國際科學展覽會二等獎，南山中學，吳承儒。

教授：吳同學的專題構想是非常有創意的，很生活化的，每個人都可以做得到，但是每個人都沒去做。

吳：好玩啊！我沒想到搜尋那麼好玩啊！找到答案的爽度很高，很爽。

媽：那讓他們自己去找，那你找到就是你自己的。

吳：我會繼續搜尋，發掘其他好玩的研究主題。

◎高鐵上的小科學家

不是你做的事，你也可以關注呀！

看別人做出成功的案例，總是有種隔靴搔癢感，無法有立即的學習效用，所以允許我用尖銳的方式來提問。

我試著用反面的方式來幫助大家，請大家思考。

如果是你，做為一個史上品牌力最強的品牌，來到一個新的市場，你會不會立刻膝反射地想要介紹自己優異且強大的產品力？例如快速且驚人的搜尋能力。

但他沒有哦！他介紹台灣一個小孩子對於自己好奇的事物的搜尋能力。

再進一步問，這是台灣的故事，那，為什麼台灣的品牌卻沒有足夠的品味和素養，主動投入來分享這樣精采的故事呢？

我的意思是說，台灣也有許多電信相關品牌。回頭想想，他們多數的作品，是不是都在宣揚自己的產品功能，而沒有具體的人物故事；畫面裡是不是都是天空中有些藍色半透明的光籠罩了城市鄉間，人們開心地在綠地上奔跑，雖然你不知道他們臉上的笑從何而來。

那為什麼 Google 會想介紹一個台灣的國中生做科展呢？

原來當初一位 Google 副總，看到報紙上一個十公分見方的新聞，他直覺認為這新聞談到的故事值得一做，至少那孩子的精神是 Google 所認同的，因此萌生出了這個故事來。

請別誤會，我並不是說 Google 就有多了不起，只是想請大家思考，我們可能很習慣一定得要是自己做的東西才會拿來談。但其實，所謂議題，只要你願意關注，都很值得做，都很值得拿來對話。

不一定要是你做的事才可以溝通。

你溝通了重大的議題，那，這不就是你在做的事？

你是不是也只會問：「那我們中午要吃什麼？」

我拍片時，為了找故事，所以做很多田野調查。當時候訪問這孩子，發現他跟我都看到了高鐵地層下陷這個新聞，但沒有任何資料佐證。他想知道答案，因此就開始了他的實驗。

我記得很清楚，我在報紙上讀到這個新聞，跟我老婆有了一段對話。

「哎呀！高鐵地層下陷。」我翻著報紙。

「真的嗎？」妻抬頭。

「對啊！很嚴重，要是不改善，三十年後高鐵得停駛。」

「啊……那花很多錢蓋的耶！」

「對呀！」

「那怎麼辦？」妻憂心忡忡地問。

「我也不知道。」我停了一下，又問：「那我們中午要吃什麼？」

你是不是也跟我一樣？

我的意思是，我們都在這世界裡，但為什麼有人可以找到有意思的答案？我們有沒有機會成為那個人，在世界的問題裡，找到答案？

你也可以有 Google 等級的企業高度

我不認為是因為 Google 很偉大，所以有那樣的ＥＳＧ作品。我認為，是因為那位員工看到那個新聞，他有足夠的敏銳度，他關心世界。

因為他關心世界，所以他關心世界的變化，他關心世界遇見的問題。

而那些問題有時候反而是我們的答案。

不是嗎？

你可能在思考公司應該投入哪個領域的ＥＳＧ，你可能也在煩惱今年公司交付的ＫＰＩ要如何達成，你渴望有答案。

但答案也許不是像過往考試一樣，都得是你背過的。

答案，也許就是你像個平凡無奇的人，真心理解自己是個渺小的存在，但又真心希望自己這個存在對世界是有好處的，你願意放下那些虛假的身分，真心追問我們的世界怎麼了，關懷他，陪伴她。

我們都很渺小，但也都很偉大。你的企業有機會因為你而偉大。

我想，當你關心世界，而不單只是你自己，你就擁有世界等級的關心了。
那麼，跟 Google 一樣，你就是世界級的好傢伙了。

ESG 心法

1. 先讓腦子進步，身體就有機會跟上。
2. 關心世界的變化，關心世界遇見的問題。
3. 持續做你心中的 something，你就有機會成為 somebody。

三

靠轉換，讓故事影響力倍增

⑩ AZ堅持做對的事

從企業的社會責任出發。

兩歲孩子不知道出門曾經可以不戴口罩

人類近代恐怕沒有比新冠肺炎影響層面更大的病毒了，許多你人生沒有經歷過，甚至難以想像的狀況，都在這段疫情中發生。

我女兒在小學入學時，老師請大家先給一張孩子的照片，因為上課都得戴著口罩，可能上一整年課，還不知道同學的長相。這種不知廬山真面目的情況，在全球各地發生。我有個在芬蘭的朋友，到新公司三年了，還沒見過同事，因為疫情開始大家就WFH，直到現在仍沒有進公司上班。

我還聽說，有個兩歲孩子，走出家門發現沒有戴口罩，焦急緊張地大哭起來。他的人生裡，出門就得戴口罩，沒戴口罩就像沒穿衣服，讓他感到羞恥焦慮。他無法理解，過去我們出門活動是可以不戴口罩的。

掃 QR Code 簡訊實聯制，更像是下意識反應，到每個地方都會主動打卡，那是我們獨特的紀律，並在短短時間養成。

企業的社會責任

我們很容易在做宣傳時，聯想到要講自己的產品。但AZ的思考更上一層樓，認為那不是一個恰當的溝通路徑。當然，也許因為他們的企業內規或者醫療藥物的法令可能也有關係。

不過，在職場裡工作的大家很清楚，如果企圖上是想溝通自家產品，那麼思考的方向就會是在如何規避那些法規，千方百計想要如何巧妙繞過，以自己的商品為出發點來進行溝通，從中產生許多明眼人一眼就看透的作品。

那也沒什麼不好。只是我認為，就當代消費者的接受程度，恐怕影響力就會打折扣了。

有智慧的他們，在內部溝通後，問我可以談談「堅持做對的事」嗎？

這一方面是他們的企業理念，另一方面，也是他們看待台灣民眾這段時間以來的努力。

我的理解是，與其肯定自己，或許也可以肯定大眾，畢竟，這個疫情的控制，不單單只有某個企業就能做到。

最重要的是，我想，這也是企業可以盡的社會責任。

ＡＺ想要鼓勵已經認真防疫，忍受各種不便，卻依舊展現高度國民素養的台灣人民。接到這工作，我的態度很謹慎。畢竟，這是一個跟人的身體健康有關的事，還有，我自己也還在這個歷史事件中。

他們在內部多次討論後，認為要談的不是疫苗本身而已，而是人們在這段疫情期間，如何面對，如何選擇，並且堅持下去。

這裡，我也不得不，肯定他們的思考。

「壓力來的時候，就去運動吧！」

只是，我也感受到，麻煩大了。遇到品味好的客戶，總是讓我感到壓力，因為他們想法進步，又願意託付，往往讓我擔心自己會使對方失望。

你有過這樣的心情嗎？我很常。

而且近十年來格外常發生。雖然一樣是工作，可是當工作被賦予了金錢以外的意義時，往往就會變成作品，你面對作品的態度當然不一樣。

那該怎麼辦呢？如果我拿出來的東西，沒有跟對方的好相映襯，那不就不好了？

我邀請自己去運動，希望緩解因為那在意而隨之到來的緊張感。我感覺得到左邊肩膀僵硬，下方闊背肌和斜方肌隱隱作痛。我需要運動。

我邊跑邊想，汗水在額頭上流動，往下滴，口罩裡全是水氣，每一步都有點氣喘，每一個抬腿都不太容易。我試著把眼光放遠處，告訴自己，不要太辛苦，一次跑一步就好，努力眼前，但是看著未來。

我的問題是，關於防疫的影片，已經很多了，光我自己，也幫不同品牌拍過，其中也包含國家高度的。

可不可以有點不同？

跑來的IDEA

我想到一個可能。

這個抗疫過程，轉眼已來到第三年，每個產業都受到激烈的影響，眼前彷彿還看不到那隧道的盡頭，這感覺跟什麼好像？

不就是我正在做的事嗎？

我其實不喜歡跑步，跑步很無聊，又很累，但我必須每天去跑步，讓自己的身體運動。因為我希望活久一點，希望跟家人在一起久一些。還有，在一起的時候有品質，而不是歹活，是健康的，可以做任何我們想做的事。換言之，我努力運動，保持健康，是為了家人。

我並不完全享受，但為了家人，我努力去做，儘管有些些不方便，有需要忍耐的地方。

另外，跟眼前我正在從事的運動很像的地方，就是那距離感。

這段防疫的時間很長，不是一下子就可以度過的，不是忍一下就好了。新的習慣要養成，不斷的洗手、長時間配戴口罩、時時量體溫、掃實名制、保持社交距離、接種疫苗，甚至停課。

這些都是人們正在經歷的，但也許都不必演出來，只需要聯想到，只需要把這些都形而上，就足夠了，因為人們都知道。

不要浪費對方的時間跟對方說他已經知道的事情。

只需要用一個象徵，就能讓對方感同身受，那才是高明的溝通方式。

我一邊喘著氣，一邊跨著步伐，一邊想，防疫就跟長跑一樣，你忍耐，你努力，而且，有種沒完沒了的感覺；但你還是會繼續下去，因為你為的不是自己，是你愛的家人。

把那精神極致化

我有了一個初步的想法，想要用跑步來象徵台灣人的防疫精神，但應該由誰來跑呢？

當然誰來跑不是重點，重點依舊是那代表的意義。只是，若能把那精神推到極致，讓效益極大化，不是更好嗎？

我想到了我的好朋友曾文誠，曾公。他在六十歲時，訓練了近兩年，去參加總計兩百二十六公里競賽距離的超級鐵人三項，包括游泳三．八公里（限時兩小時四十分）、自由車一百八十公里（限時八小時二十分）、路跑四十二．二公里（限時六小時），合計兩百二十六公里（限時十七小時完成）。

這個距離大約就是你先橫渡日月潭，從水裡起來後立刻騎腳踏車到新竹，再從新竹跑到桃園，通常會是早上八點下水，一路到天黑才能完成。

非常困難，非常考驗毅力，非常非常……大概任何你想得到的形容詞，都可以使用在這裡。

我，世界上有許多事都不容易達成，但這件事是人們可以很輕易理解的。說起來，就跟在這疫情中，為了家人，我們什麼事都可以努力，都可以忍耐，只要能夠保護家人，讓家人安然度過。

為了家人，我們都是超級鐵人三項。

(Everything I Do) I Do It for You

真正要談的不只是跑步，而是生活本身。

我想起了 *(Everything I Do) I Do It for You* 這首歌，由布萊恩·亞當斯演唱，也是凱文·科斯納主演的電影「俠盜王子羅賓漢」的主題曲。歌詞很有味道，都是我國中就會的英文。透過沙啞的嗓音，精采的搖滾樂編曲，連幼稚的我，都能感受到那股真摯的愛，那願意為對方付出的心意。

我覺得，我們每天做的任何事，若是沒有意識的，很容易也會變成沒有意思的。

比方說，你每天出門工作，是為了去哪裡呢？

對我而言，真正的目的地，常常是家。

我出門，是為了工作，但工作不是我真正的目的地，我的目的地是為了家人，是為了能夠愉快地回家，並且讓家人好好生活。

因此，我想著，應該把故事分散成幾條線，讓不同年齡身分的人，各自用他們的方式，在生活裡拚搏，在日子裡努力，最後把他們聚合收攏在一起。

他們是一家人，有各自的工作，有各自的身分。可是，當時間到來，他們終究會回家，終究，他們要去的目的地，就是家。

他們是家人。

家人這個詞，是廣義的。我們都有一些朋友，跟我們的關係，甚至超越血緣，我們彼此關心，我們互相扶持，在生命順遂時一起開心，在生活困頓時仍能相擁而泣。我想，在這段時間裡，甚至可以說全國都成了一家人，因為只有你健康，並不能保障其他人安全，只有所有人一起發揚人性良善的一面，有良好的國民素質，我們才會是安全的。

堅持做對的事

我們都想跟愛的人在一起
陪伴他們的時間總是不夠
再多傾聽都聽不膩　都是心意
為他們奮戰　是你理解生命的意義
你拚命　因為想要有更好的生命
你努力　希望好的事降臨
最好的事　就是和愛的人
好好的　在一起
因為你知道　每次離家出門
最後　真正的目的地　都是家
保護好愛的人

保護好自己
這是你的堅持
堅持　好的事
堅持　對家人好的事
堅持　好好的　在一起

◎AZ堅持做對的事

真正的美好，是永遠努力到最後一刻

因為很在意這支片，我在開會提案前兩個小時，跟製片說我去吃個午餐。其實是我一直覺得文字不夠好，想要把握最後時間，再精修一番。

結果，我掉進一個時間扭曲力場。

我一直寫，拚命寫，在中午滿滿人潮的餐廳裡，我聚精會神，全神貫注，不斷地來回，寫了近千個版本。

也因此，當餐廳老闆娘來到我桌前，跟我說話時，我依舊聽不到。

她說：「不好意思，有個製作公司的小姐打電話來，說要找你。」

我那當下，想說發生什麼事了。

沒想到，接過老闆娘遞出的電話，聽到的是：「導演，我們要過去嘍！你的文字方便給我們了嗎？」

我趕緊答應，將檔案寄出。這時才發現，我的手機有近三十通未接來電。他們為了提醒我簡直急瘋了，幸好還知道我去哪家餐廳吃飯，可以打電話到餐廳叫我。

然後，我也才發現，我桌上的餐點，依舊漂亮地擺在那裡，一口都沒動，而時間已過了兩小時。

我衝出餐廳，趕往開會的地點，衝進會議室，跟對方分享我直到最後一刻還在修的想法。

努力到最後一刻，為了美好，甚至可以說，因為努力到最後一刻，美好自然就來到眼前。

這種狀態，就是出神。

我不知道你有沒有這種經驗過，但，我常常覺得，如果有機會，可以經驗一次。那是一種奇幻的，但完全的投入，你毫無保留。而常常世界給你的回饋，也會毫無保留。

最美妙的是，你自己一定知道，你一定知道你是不是全心全意。

有趣的是，這個案子裡，不也就在描繪這樣的心境嗎？

沒有一個父母，會覺得自己沒有全心全意地對待家人的。

就好像曾公那天拍攝時，不斷地被我要求衝刺。雖然故事裡是長跑，但因為鏡頭需求，他的每一步都得是用力衝刺，才能呈現美感。四個小時裡，他不斷奔跑，每一步都用盡全力，無論是上坡，無論是泥土地，無論是河邊步道。而且那天寒流來襲，十度上下的氣溫，我們每個工作人員都包得像隻熊，而曾公只穿著單薄的跑步服裝，卻依照我們的需求，來回奔跑。

他沒有抱怨，而是全力投入，就跟這支片想表達的一樣，我們為了家人，沒有抱怨，全力投入，直到最後一刻。而最後一刻還沒到來，我們還在。

出神。

我們都只是人，不是神。

但出神，就能入化。

ESG 心法

1. 不急著宣傳自家產品，先思考企業的社會責任。
2. 每一步都不容易，努力眼前，但看著未來。
3. 完全的投入，世界給你的回饋，也會毫無保留。

⑪ 優席夫的世界凝視

他把自己準備好。他走出去，他找出路。

當看起來沒有路的時候

文策院的工作，是推廣台灣文化藝術，讓世界有機會看到這些藝文創作者努力的成果。我接到這工作時，很努力地想，畢竟，這可是和我自身有關。

我花了很多力氣，一直想，跑步時想，睡覺時想，想該怎麼做才不至於浪費，如何能夠回答這個看來巨大的題目。

我一直在想其中可以溝通的切入點，又不斷推翻自己。因為你若只想說自己的好，恐怕對許多外國人來說，是非常無感的。畢竟，就目前而言，世界藝術的主流，確實不是台灣。

我怎麼想都覺得應該是故事，而不是如同型錄般把一些人物作品擺上去。

我想，台灣的藝術要走出去，而在那之前，是不是還無路？當看起來沒有路的時候，是不是可以把那個還沒找到出路的狀態給描繪出來？

我更有一個強烈的感覺，應該是要能夠對應得上世界對話的主流，能反映整個時代正在關切的議題，否則，恐怕觸及都不容易，更別提共鳴了。

世界在乎的平權

我認為，人貴自重，而後人重之。

你要世界尊重你，你必須要先尊重自己。那麼在台灣的文化藝術裡，有沒有可以以小喻大，可以拿來比擬的呢？因為這樣在動人故事的感染力量下，可以更有機會，把台灣帶出去。

這幾年，我只想拍真實故事。真實故事都拍不完了，而且真實的力量遠大於那些虛構，我只需要好好挖掘，再恰如其分地，把它好好說出來。

但我必須先思考，這個作品會在怎樣的情境中被看見？這個作品會出現在怎樣的背景中？做為傳播的創作者，我必須先思考這問題，才能借力使力，才不會事倍功半。

我想到的是台灣。

台灣，不也是這樣的非典型嗎？我們不是什麼名門大院，就各種藝術創作的角度來看，我們也沒有太多既有資源。但，我們確實有各個領域的人才，並且在努力中發光。

更別提，因為國家處境，我們做為一個小國，時常遭遇打壓。

不過，也不是每個小國都要面對打壓。歐洲多數國家都比台灣小，或者，跟台灣差不多。但這一點也沒有限制住他們的國際能見度，他們有名有姓，作品就是作品。

我想到的是，國際間比起過往，更加重視平權，無論是在種族文化、貧富差距議題上，人們更加在乎公平正義。因為全世界都走到這樣的路口，沒有人想再看到壓迫下的悲劇，也因此人們更加期待，並且關注從這角度出發的故事。

擔負起世界的責任，擔負起人類社會的責任，世界才會認為你是個可以負責任的國家。你值得信賴，你值得合作，你的藝術作品有可看性，來自於你凝視世界。

我想到，原民文化藝術家優席夫。

打壓下的鑽石

我是在一個奇妙的場合知道優席夫的故事，經過許多年，才有機會把他拍出來，也是奇妙的緣分。

優席夫打過各式各樣的零工，他跟我說，只要我說得出來的工作，他可能都做過。這過程充滿了血淚，如果只有血汗就算了，是包含歧視打壓帶來的悲慘淚水。他非常努力，但面對的是典型原住民族的困境，被整個社會環境所壓迫。

可是，他沒有像典型的故事一樣，最後只停留在自怨自艾上。他走出去，他找出路，他想要到國外學畫。可是首先要培養外語能力，因此他到有外國人出沒的酒吧當調酒師，藉由主動大方的對話，把自己準備好。

他離開台灣，走向世界，到了愛丁堡。他開拓視野，繼續努力自己的創作，也同時做油漆工，去看各個國際級的美術館，看大量的畫作，並拚命利用工作餘暇時間做各種學習，他自稱「野生藝術家」。

揮動油漆刷的同一隻手，也努力揮動畫筆。說起來，所有真正的藝術大師，都是自學的，學校可以教的有限；而學校裡的藝術文化老師，許多終其一生，也只能是老師，並無法在世界讓大家看到。

而優席夫僅能憑靠自己的力量，他沒有傲人的資源，更沒有國際背書。其實，這也剛好反映台灣的藝術在國際間的處境。但優席夫樂於擁抱未知領域，不畏拒絕，日後更因作品本身的精采、個人的努力，贏得世界認同，在愛丁堡國際藝術節受邀參加展覽，作品更成為紐約地鐵車身外彩繪，在國外大放異彩。

藝術需要故事，有了作品背後的故事，人們才有興趣理解作品，才有機會去欣賞作品本身的高度。優席夫的故事，正可以藉由這些背景和特殊路徑，經過思考後，成為行銷台灣藝術的策略選擇。

其實，這當然也是利用了國際間對台灣的既有認識，以一位人物的奇妙隱喻，講出一個令人好奇的故事，暗示台灣的國家處境，作品昂然而立，在缺乏天然資源以及強大國力，卻能夠以獨特姿態在世界獲得認同。面對問題解決問題，不就像是因為高度打壓下的鑽石，在世人眼前綻放光芒？

Can't Speak

尤其，優席夫的作品常常高度的對話族群議題，像他的知名作品 *Can't Speak*，就是一位穿著阿美族傳統服飾的女子，將手指放在嘴唇上，示意噤聲，表達過去台灣原住民族被禁止說母語，無法以自己的語言講述故事。這樣一個有強烈意涵的作品，自然在傳播時就具有歷史的故事性。

我覺得，當你要講述一個故事時，若能夠找到好的故事角色，就是成功的一半。

怎麼說呢？優席夫在國外，常得跟人分享自己的創作想法，因此練就了極佳的英語能力；也由於大家多半不了解原民文化，他被迫得用更精采且具內涵的字眼介紹，一次又一次的淬鍊下，讓他從文化底蘊去爬梳自身的創作。

要知道，這可不是任何一位藝術創作者都擁有的溝通傳播能量，優席夫絕對是位極好的說故事家。

我拍片時，安排兩位外國演員扮演鑑賞家，優席夫與他們面對面口說分享，並談論深刻的創作理論。他從用色的意涵，從畫作中這位女性頭部紅色的光暈，一路談到女性主義。

因為那紅色代表太陽，他從人類學角度切入，分享傳統阿美族是母系社會，分享了女權的被重視。而過往教導中，阿美族男性被期待要像月亮，溫柔對待他人，如同紳士一般。

這段他看似隨意說出卻寓含文化深意的介紹，讓現場兩位外國朋友頻頻點頭稱是，受啟發的神情毫不做作，也讓這支影片除了展現藝術創作的精湛高度外，多了人本思想的深度交流。

優席夫認真的眼睛綻放著明亮光芒，因為他很清楚他談論的不只是自己的作品，而是一整個阿美族人的驕傲，那又怎會不動人？不挺起胸膛呢？而那也該是我們國家站在這世界的姿態。

他更進一步提到，他把藝術做為武器，用來和政府體制對抗，用來讓人知道過去不能述說的故事，好改變社會裡不平等的對待。這不也是國際間SDGs高度重視的種族平權嗎？

當這一切由一位藝術家分享出來，那麼這位藝術家代表的文化，不就更讓人喜愛並且好奇嗎？這樣不就更有機會把台灣的文化藝術帶到國際去？因為有獨特的藝術形式，更有背後人們在乎且願意探究的議題意識。

所以，我不認為這支片只是介紹一位台灣藝術家，它介紹的是台灣的藝術文化環境，有屬於台灣的獨特歷史文化背景，因此孕育出這樣一位藝術家。而且就像片尾文字說：HELLO WORLD. WE ARE HERE. WE ARE TAIWAN.我們是在和世界打招呼，我們是台灣，藉由這支片，來呈現我們獨特的思考。

◎藝術家優席夫

創作中的創作

不過，就算已經有想法了，可是，如同優席夫的創作歷程，沒有唾手可得、一帆風順的事，我們製作的難題才剛開始。

故事從優席夫在台灣各個不同工作場域開始，ＫＴＶ打掃、果園採果、酒吧當調酒師，一次又一次的從花蓮到大都市闖蕩，卻一次又一次的心傷。

還有還有，我們得去英國拍攝，因為優席夫的創作歷程裡，有很大一部分是在英國。

但是疫情正嚴峻，當時台灣也還沒有提供施打疫苗的機會，我們無法把整個團隊帶到高風險的英國進行拍攝，那可怎麼辦呢？

我和攝影師討論了好久，後來決定在宜蘭拍攝。陰雨綿綿的宜蘭正像愛丁堡鄉間，有許多歐式建築物，它們的門面或者建築物的某些角度正與英國相近；還有，宜蘭有個馬場，當優席夫拖著畫作經過時，完全就是置身英國啊！

我們還得尋找林相稍稍接近的自然風光，其中一段溪邊的林間場景，優席夫驚訝地說，原來台灣有這麼美的地方。

跟優席夫跌宕起伏的人生一樣，就在我們拍攝後，鐵路竟因為連日大雨坍方，非常驚險。

是啊！當我們面對一位舉世尊敬的藝術家時，我們當然也要有相對應的藝術創作，才對得起他艱辛的歷程。而且，面對問題解決問題的創意，就是藝術呀！

國家地理頻道和勞斯萊斯

給你猜一猜，國家地理頻道和勞斯萊斯有什麼共通性？

答案是，優席夫。

在我們完成這支片的拍攝後，連國際間頗負盛名的國家地理頻道也來找優席夫，請他介紹南島語族。

經過人類文化學家研究，幾乎所有南島語族發源地都在台灣，而優席夫做為台灣原民藝術家，英語能力又好，非常適合，值得成為國際級頻道的引言人，領著全世界觀眾理解這個重大議題。

更妙的是，勞斯萊斯邀請優席夫代言，由他彩繪一部世界頂級奢華的勞斯萊斯旗艦型房車，做為藝術作品的展演。除了代表他的創作能量被國際品牌認同之外，也說明藝術是可以跨越不同領域，對話眾多議題的美好工具。

而具種族平權的藝術創作，更是可以展現企業品牌思想高度的良好路徑，無論是奢華品牌，或是知識型頻道，都能藉由優席夫這樣一個平台，創造溝通的可能性。

這樣看來，我和國家地理頻道、勞斯萊斯，也算是英雄所見略同呢。

和世界對望

我很喜歡優席夫的一幅自畫像，他背對著畫面，坐在岸邊面對開闊的大海，遠方藍色的天空和開闊的太平洋，只有一條細細的界線，那是一種壯闊，那是一種面對世界，看似渺小，卻充滿力量的對望。

若要再現這個畫面，就得找到一個開闊無比的場景，而且要能夠看到遠方的太平洋，要凸顯畫面主體本身，又必須要足夠寬闊好讓透視線消失在遠方。這在攝影上有它的操作難度，我們一度想要放棄。

我們花了許多力氣，才在蘇花公路勘查到這樣一個特殊的場景，底下就是懸崖，不容易抵達，且要十分小心機器和人員的安全。可是，我們做到了。我們一直覺得那個凝視，那個望向世界的壯闊，值得我們投入心力。

沒想到，拍攝當天一整天風雨飄搖，我們請優席夫的部落老師為我們準備的傳統服飾，頭飾上有原住民族重要的羽毛飾物，要是淋濕了就不好看了，也破壞了這莊嚴神聖的象徵。

怎麼辦呢？我苦惱極了。

沒想到，我們硬著頭皮，雨中在山海間轉來轉去，抵達現場時，突然天空大開，豪雨竟在那個路段停止了。我們抓緊時間，趕快在這個奇妙的雲層破口間拍攝，一等我喊卡，大雨又落下了。

遠從花蓮護送神聖的部落服飾來的老師跟我們說，這一路都是豪大雨，她們擔心這個難得可以把原住民族文化給世界看見的機會會消失，一路上都真心誠意地禱告。沒想到，到了現場，上帝真的開路，讓大雨停住，拍攝順利。我聽了好感動。

有意思的是，當初寫腳本時，我在這顆鏡頭裡放的文字，就是優席夫平常談創作時引用到的《聖經》文字：When there's no way out, he'll make a way through.我們的創作也是如此，你看似毫無出路，要放棄了，但，奇妙的，總會有個出口。

你呢？你所在的品牌，有善用資源投注力量，參與舉世關注的議題嗎？也許不容易，但千萬記得，要世界記得你，最好是你正在參與解決世界的問題，否則，恐怕在這快速變化的時代，灰飛煙滅，也是極為快速的呢。

當你凝視世界，世界才會凝視你。

ESG 心法

1. 找到能反映整個時代正在關切的議題。
2. 高度打壓下的鑽石，終能在世人眼前綻放光芒。
3. 當你凝視世界，世界才會凝視你。

⑫ 台達電的SKY（上）：高舉好人

把生硬的轉化成詩意的，避免人們失憶。

把好人高舉

我曾參與一個由台達電舉辦，關於鯨魚對減碳貢獻的生態紀錄片旁白競賽評審。會議間閒聊，我才知道他們為環境永續做了很多，而且做了很多年。幾年後，他們找我去討論企業形象影片時，我非常樂意。

我常覺得，我的工作不單只是做廣告，我比較想把好人給高舉。讓好人被看見，這是我做為一個傳播溝通者的責任，也是我的SDGs。

台達電這個案子很特別，因為是創立五十週年的企業形象片。他們來問我時，我非常開心。台灣沒有多少百年企業，許多企業也總讓人覺得只是努力想創造利潤，彷彿跟一般人沒有太多關係，除非你是要去那個公司上班。

說起來，某些企業很大，但和我們很無關。你不在那上班，你就對它無感。可是，他們其實在許多我們視野以外的地方，造成了影響。

我總是會想，要是有更多大企業做好事，就會有更多企業起而效尤，那大家不就會一起更好嗎？這樣的影響才更巨大，這樣的創作才更有意義。

當他們來問我時，我說既然你們來找我，我可能會提出不是你們原本所預期，卻能在這世上停留更久的作品，甚至有機會達到下一個五十年的作品。

他們一下子就說好，還說，所以我們才找導演你的啊！

後來，我一直在想，我要怎麼不辜負這樣的託付。有時候，有些工作是這樣的，當別人願意給你完全的開火權，你反而會更加小心謹慎，不浪費這樣一個難得且彼此都非常認真的機會。

我們會想對好企業友善，不然，你要怎麼面對不是那麼好的企業呢？

田野調查是一切的開端

台達電是世界極大的電源供應器、電源轉換器的廠商。多年來，他們在電力相關有非常多的發明。台灣的企業可以達到幾十年的並不多，以這樣大的規模，又能夠持續這麼久，你可以說，他們直接影響台灣非常多的家庭，非常多人的人生。

我把他們過去做的幾本書看過一遍，把這個企業曾參與的重大事情瀏覽過，我想到的，反而不是直接談他們的工作內容，我想談的是生命故事。

齊柏林導演是我的好朋友，他曾跟我提過很多次，其實電影「看見台灣」可以拍攝完成，台達電對於他的贊助是非常非常大的，甚至可以說如果沒有台達電的參與，這部片恐怕無法被完成。

我如履薄冰，很擔心辜負了人家，辜負了這樣的一個機會。更重要的是，我心想，齊柏林有事先走了之後，我們這些留下來的人，是不是能夠不要辜負他，是不是能夠繼續有他萬分之一的參與呢？這是我給自己一個藏起來的另外一個題目。

我仔細閱讀資料，發現台達電董事長鄭崇華先生，多年來非常投入環境。大家知道嗎？他是台灣第一位CEO，但那個E是Environmental，是環境，他把自己任命為環保長，做為台灣企業第一個環保長，我覺得比很多執行長來得更加有意義。

不一樣的CEO，就有不一樣的故事。

我會想放進故事裡，但光這個，其實撐不起一個故事。

我需要更多。

田野調查，常常發生在不是田野的地方，而那最終會變成巨大的存在。

說故事的人，不要怕讀數字

我知道許多跟我一樣從事創作的人，看到數字就不行了，就主動繞過。

其實沒有人要你有極高的數學能力，但，你至少要擁有國小的數學程度，這就足以讓你講出好故事。

這跟台達電的工作有很直接的相關，為什麼？

大家知道，一般的電流，外面傳輸的話是所謂的高壓電，它是直流電；進到家裡讓一般電器可以使用的，那個叫做交流電；而從直流電變成交流電，需要電流的轉換，過去的損耗可能高達百分之四十、五十。也就是說，我們的電從運送，然後進到家裡這個轉換，可能就流失掉了百分之五十，這是非常多、非常巨大的。

這幾年來，他們已做到轉換率高達百分之九十六、九十七，我們就不需要耗費那麼多的電，甚至原來的百分之五十就足夠。

如果我們繼續使用過去那樣的轉換器，就必須花兩倍的能量去創造我們的電，對環境的影響就會是現在的兩倍，這是很可怕，很驚人的。

這件事絕對至關重大，這在傳播上的意義，比一個企業賺多少錢來得巨大太多了。

如果，我不去讀數字，我不會知道這些事。但不可以停在數字，這邊只是溝通的起點。

里程碑需要用不同的尺來丈量

數字需要轉化，需要變成生命。

我們常說，應該要有創意，但我真的認為所謂創意，是在解決問題，而不是證明你多聰明。真正的創意，是在說你意識到問題，然後你面對問題，用屬於你的想法來解決這個人們共同面對到的困難。

你看，我接到的工作，是要去談一個企業值得紀念的里程碑。可是我們必須讓這個里程碑，轉換成人的生命的里程碑，這當然得是巨大，而且層次來得高許多。

我們為什麼要講這個？其實我想提醒，大家都很努力工作，大家都想照顧好自己的生意，但是如果只談數字，而數字又沒有感染力，那溝通這些數字還有意義嗎？

你的企業賺很多錢，那是你企業的事。如果你告訴我，他的成績其實是可以創造更多生命的美好，那個高度就完全不一樣。

我覺得很美好的事情是，這樣一個企業，這樣一個品牌，他們本來就有這樣的思維。所以當我提出這樣的想法，他們馬上能夠理解，而且也意識到：對，這本來就是他們的哲學，這本來就是他們在工作上追求的，我並不是去強加，去另外弄一個虛偽的東西來對話。

理解數字，並且轉化數字，你才有機會讓那里程碑被人們看見。

詩意的表現，是可思考的方向

我們談詩意，可是所謂的詩意，它其實是一種轉化，它不能把黑的講成白的，它不能把邪惡說成是正義，那樣的詩意其實是謊言，那樣的詩意其實是騙局，那不會有用的。

在網路時代，人們有太多的資訊管道，情報來源，你不可能再去騙人。如果你只想到你要騙人，我跟你保證，你會死得很難看。你會像那些黑心商人一樣，你會像我們聽過的行銷案例，他們造假說有什麼老婆婆，每碗湯都是用大骨熬製，結果發現是用粉去泡的。當人們一知道，那個反作用力是非常大的，大到可以讓你這品牌消滅。

我認為任何一個企業家，他應該都是一位實業家，他們是扎扎實實、腳踏實地在做事。只是當他們遇到不好的、差勁的行銷人，他們會用花言巧語、用一些空洞的字眼創造美麗辭藻，好讓人們誤以為，誤會，甚至是誤認。

誤認原來是那樣，但其實不是那樣。那我可以保證，這才會是你企業遇到最大的危機，這危機還不是別人弄的，是你自找。

詩意，其實是你把一個生硬的品項，轉化成柔軟有人味的。

對很多人來講，它是相對屬於理工那一邊，它是相對屬於不容易理解的。雖然存在於生活裡，但你無心了解更多。當你把它轉換成一個相對人性的，從理性到感性，就會有傳播力。

就好像你看到一朵花，對很多人來說，它是植物；你想到的是花會結果，可以吃，哺育豐富一個生命。也有人經由一朵花，看到生命裡的燦爛，生命裡的變化。

所謂詩意，就是你可不可以找到更多轉化的可能，不管是從生意，不管是從利潤，不管是從數字轉換成人的生命刻度，你創造的效果一定會不一樣。

你要講的事情都講到了，但觸及的層次更多，這就是意在言外。

山水境界，來自於人

美好的詩，其實都在追求一個境界，它跟你談山、談水，可是卻不只山跟水，它在跟你談心境，是意境。如果書寫、想故事的時候，都把握這樣的原則，你做出來的東西一定會不一樣，這也是我所謂的溝通專業。

把生硬的轉化成詩意的，避免人們失憶。

台達電的每一個工程師，我保證他們在電機、電光等專業領域絕對比我厲害太多。他們來找我，當然不是因為我有電機相關的知識，而在於我可以進一步消化他們的專業，轉換成人們可以理解的語言，以及對人們的好處是什麼，這才是重點。

只談生意，人們會覺得關我屁事；你要讓人理解，賺錢很重要，但那是其次，最重要的是，你同時在幫助很多人的生命。

不要認為只有台達電如此，基本上所有產品都是因為人類有需求而產生，而你去滿足人類的需求。你的工作帶給別人怎樣的生活，才是人們想聽到的，因為那是他的生活，不是你的錢。

追求在當代蔓生並擴增的詩語

詩意的營造，其實不是用比較古典的語言、文字就好。一支片子裡突然出現古詩，若處理不當，其實會非常生硬，很有距離感。我們的目的是讓人接受我們，結果還用艱澀的語言，那不是孤芳自賞嗎？你只能自賞，別人就無法欣賞啦！

所謂詩意，是用現代的語言、現代的詩、現代人的觀點、現代人可以理解、享受、能被帶進去、可以投入的；換句話說，我認為現代詩是一個圓，它可能是一個相對比較接近故事的，接近人們平常會觀賞的電影、聆聽的歌詞、閱讀的床邊故事。

我所謂的詩意，是這個東西。

你會發現，當代詩人的創作，也是往這個方向去，他們不會只寫一些沒人看得懂的字。

真正的詩應該是用來改變世界的，從以前到現在任何一位詩人，不管是感懷時政或鞭策朝廷，他們做的事都一樣，他們都在解決問題。

我認為所有詩人都比我們更加實際，比我們更懂得運用文字，好改變眼前他不滿意的世界。

我們可以學習。

最重要的問題是，你有什麼問題？

你有沒有什麼不滿意的事情？你有沒有遇到什麼樣的問題？面對工作的時候，我一直提醒大家，首先要提問：做為一個人，你的問題是什麼？你如果沒有問題，你就不會有答案；如果你對現狀非常滿意，你可能就不會有太充足的創作能量。

如果你對提給客戶的簡報毫無感覺、毫無情感，你做出來的東西也不會打動任何人。那東西恐怕只是照本宣科，或只是換句話說，而且說的還比原來的更不好。

事實是有力量的，可是當我們去轉化事實，而沒有恰當的用良善的思維，只是虛應故事。

那虛應故事的結果，我可以保證不會有故事，只有虛應。任何虛應，人們一眼就看穿，你只是在打發，你只是在很表層，那是膚淺。而那膚淺，就是敷衍，那個敷衍其實很容易被看出來。

不要小看問題的嚴重性。

精確來說，問題是你答案的開始。

溝通的力量，常在對世界展現時才顯露

可以的話，面對每一個工作時，你先去問到底這個企業他們在解決什麼問題，而不是他們在賺什麼錢，問他們在想什麼。

通常企業捧出來的產品是答案，而這個答案，他在對應的問題是什麼？這問題巨大嗎？這問題切身嗎？這問題影響很多人嗎？

當你找到這個問題，這就是創意。因為人們已經習慣接受答案了，於是，溝通的過程有可能是，你今天拿出來的是關於這個答案的問題。

我必須說，許多人不知道我們每天面對的問題；許多人並不清楚，有人為他面對了什麼。

那是因為他不在場，他沒有到現場，所以，他不知道有人為他負重前行。

於是溝通的必要性出現了，讓不在場的，彷彿在場。

這就是溝通的力量。

把數字轉換成人的真實故事，務必！

把數字轉換成對人的意義，並且從中找到人的故事。

你市占率這麼高，當你有漲幅時，當你從百分之四十幾一路爬到百分之九十幾，你對這世界就產生了巨大的影響；但必須進到人的世界，從人的角度來看，這才會有詩意，這才是解決問題，這才是創意，這才是幫對方尋找到一個恰當的方式說話，而不只是照本宣科。

我也期待思考另一件事，商品是真實的，商品帶來的功能是真實的，創造的影響人的故事是真實的，才有力量。

很可惜，我們溝通時，往往漏掉了這個真實的成分。

我們常常只想到虛擬。如果你只是要讓故事流暢，那沒問題，但真實的成分應該要很高，真實的情感應該要很高。我們是為了傳遞真實情感而努力去做這件事，在容易理解的狀態下，動之以情，以真實為背景，才有機會讓人動心。

讓人動了心，讓人的心，可以變得好心，我覺得那很不容易。

當你的觀眾看完這支片之後，覺得他的心變得更好，成為一個更好的人，你才真正創造屬於你的價值。

創造出故事的價值，創造出自己的價值

你們做的事，本來就有價值。做為傳播者，如果這東西本來就很好，你讓它賣得好，你沒有做什麼，因為它本來就會賣得好，因為它本來就有價值。

那我要問：做為溝通者的你的價值在哪？你耗在傳播上的資源，有產生價值嗎？

你的價值應該在，我讓人們更容易理解這個好東西，人們本來沒有料想到這個好東西創造出來的好效應，意識到這個好東西的存在。而你去點出

來，這才是你的價值。

我常認為，一個好的溝通者，像是一個追求真相的偵探，追求人們還不清楚的真相；他尋找到一個好的方式，把真相講出來，人們就會謝謝你，你也會謝謝你自己。

因為你投入的時間，你花的心力不是白費的，你不是在講空話。

你知道空心大老官嗎？誰知道他是空心大老官？他自己一定知道。

大家都說他很棒很棒，我跟你講，夜深人靜的時候他會空虛的，他很清楚自己從頭到尾講的是虛話空話。

你活在真實世界裡，永續發展的作為也在真實世界裡，你要影響的也是真實的人。

只是我們用的工具，不管是影片、文字、影像，許多時候為了傳播的快速方便有效率，而選擇虛擬的方式，因為我只能在七分鐘裡講五十年的歷史，所以我要把結晶帶出來，讓它被高度壓縮，成為鑽石。

這件事情也許是形而上的，可是完全不影響它的真實性。

它要傳遞的是真實，它要影響的是真實，所以這些溝通素材都應該要回答這個任務，這個題目。

人們的心會真的被打動嗎？這個故事的源頭是真的嗎？是真心誠意的嗎？

當你真心誠意的做一件事時，當你真心誠意地想讓某件事發生時，就算這件事情不到你原本期待的百分之百，可是你的真心誠意，對方一定可以接收得到。

相信真實的力量，相信自己有能力傳遞真實，這是我認為最好的出發點。而當我們有這東西的時候，我們一定可以把力量傳遞出去，如果你真心誠意的面對這件事。

減少了近百分之五十的能源浪費。

那你想一想，如果是你會怎麼做？你會怎麼去談？

讓我們來努力想想人的故事如何進來。

想了，就是你的。
沒想，就還是我的。

ESG 心法

1. 真正的創意，是意識到問題，然後面對問題。
2. 轉化數字，讓數字變成生命。
3. 好的溝通者，就像是追求真相的偵探，傳遞真實。

⑬台達電的SKY（中）：故事來自生活

睜開眼，打開耳朵，成為故事傳導的介面。

你身旁就有故事，你就是故事傳導的介面

如何讓企業在永續發展上的投入，轉換成對人生命的影響，我思考的是從故事的角度來說。

比如說，你少一點浪費，你就是減少對環境的影響。

所謂的環境，對許多人來講，可能還是個虛幻的字眼。但，如果我告訴你，環境直接影響你的生命，環境被破壞，你就容易生病，你一生病，你的家庭會被傷害，你的計畫，孩子讀大學的基金，都會成為虛幻的神話。

你甚至有可能連孩子國小畢業典禮都無法參與。

故事必然來自你身邊，你說你身旁沒有，那是你沒有睜開眼，你沒有打開耳朵。話說回來，耳朵從來就沒有闔上，你清醒時眼睛也經常是開著的，你只是忽略了。

或者說，你把工作跟生活分得很清楚，你主動在工作時忽略了生活。

但，現在你要去影響別人的生活，你要把生活裡的故事拿出來，你要主動去靠近。

故事來自生活，你就是故事傳導的介面。

讓困擾你的，成為你的幫助

不要小看困擾，你有沒有問題？你的生命有沒有問題？

我高中時就意識到自己是個問題少年，我對這世界充滿著問題，我對很多事都不滿意，所以我努力讀很多哲學家的書，因為我覺得生命充滿了問題。

那答案在哪？我發現哲學家就是在思索這些課題。很多我們當下面對到的，你如何獨處？你為什麼要獨處？獨處中的愉快與痛苦在哪？

這些，哲學家都回答了。

疾病會改變你的人生，先天的不平等，資源的不同，甚至工作的集體苦悶，這些題目都存在。

幾千年來人類都遇到這樣的問題，那你有答案嗎？也許你沒有。那你要不要看看別人的答案，你要不要看哲學家的答案，我常認為，好的溝通者同時也應該是個哲學家。

他不一定有哲學系學位，可是他很清楚自己在對話的始終是哲學問題。不管你用什麼樣的工具，什麼樣的器具、媒體，那些都只是字體的差異，差別不大。重點是那個字是什麼？還有這個字跟前一個字還有下一個字，它組合起來的概念是什麼？那是哲學。

人生充滿了苦難，你對苦難的處理方式，其實就是創意，而那個創意，應該能夠改變些什麼。

你的困擾，應該成為你的幫助。

否則，也太可惜。

就算悲劇，也得帶著詩意

我想到我一個好朋友的故事。他快四十歲時，突然被診斷出肺腺癌，因為當代空氣汙染變嚴重的關係。

我後來也才知道，其實台灣有非常多家庭都面對這樣的一個挑戰，人們在壯年時突然得到肺腺癌，然後所有的人生規畫，所有家庭計畫，一下子全部被打亂，甚至打斷。

那可不是說：「啊！你加油！」就過得去了，那是非常巨大的變故。

你的計畫改變，你的期望改變，你的人生改變。

假設，你跟我一樣，已經自身旁找到了這樣一個刻骨銘心的故事，那你會怎麼開始呢？

我覺得這個開頭很重要。

你要談一個人生病，你當然可以直接說他生病。可是，可不可以，帶著點詩意去談。

我把故事大略描述給你聽，也許你也可以直接看影片。

一個父親去找醫師求診，驚覺報告被女兒塗得亂七八糟；故事另一線在企業裡，有個小組在會議室裡爭執，其中一個工程師堅持要提升某個目標，若做到，就可以降低好幾萬噸的碳排放量。

故事繼續，那父親到了山上，和在田裡勞動好減壓的醫師相會，看到成熟結實的作物，他說他也很想看到孩子小學畢業，暗示他來日無多。

故事跳到一個女子和女孩在攝影棚中拍照，我們還不清楚，她是誰。

故事又跳回工程師那線，他們日夜努力，不斷嘗試，終於達到目標。

這女子來到一個餐廳，品嚐了一道菜，十分感動。主廚探問來過許多次的她為什麼沒有吃過。

原來，她之前吃素。

主廚好奇，那為什麼現在可以吃了？

她說，之前是為了先生的身體而吃素，現在，先生因肺腺癌離開了。

她拿出照片，是一家三口的全家福，照片是女子與女兒在攝影棚拍的，另外合入結婚時婚紗照中的先生。

這時候，我們看到，前面那位工程師也在餐廳裡，他聽到女子講起台灣的環境會變好，因為更多人關心了，沒有道理不會變好。

◎台達電SKY篇

我相信，很多人都習慣看到企業談自己的豐功偉業，可是，如果跟觀者無關，就是一種資源浪費。

那麼，在帶著敬意的態度下，把生命故事拿出來，不也是種選擇嗎？

斷然拒絕這種選擇，或者說，千篇一律只想重複那些慣性的陳舊溝通方式，恐怕才更加不尊重生命。

就算為故事加添，最好也來自真實情境

這支影片裡頭所有橋段都來自於真實的情境。主角由四分衛樂團的阿山飾演，他在診間裡拿出報告，結果醫師看後嚇一大跳，原來報告書被小孩畫滿了彩色的圖畫。

這其實是發生在我自己身上的。

有一次我去看腸胃科醫師，我拿之前的健檢報告給醫師看，醫師嚇一跳，因為報告被我女兒用蠟筆塗得亂七八糟，而且都是很鮮亮的顏色。診間裡通常是白色、灰色、淺綠色，當報告書被打開時，哇！那個黃色、綠色、橘色、紅色整個跳到你面前，突然間，我覺得診間從原本的死氣沉沉、缺乏生機，蹦發出了色彩，連醫師都笑了出來。

我說：「啊！不好意思不好意思，我不知道我女兒把這畫成這樣。」結果醫師也笑著說：「我女兒也會這樣。」

孩子不識字，重要文件對他們來說跟畫紙一樣，在上面作畫其實是很自

然的。使用孩子的素材，能快速抓住人的注意力，儘管，你並沒有看到孩子。

就是這樣的東西，讓故事有魅力。因為我們要談關於死亡的故事。很多人告訴我，他們其實不怕死，他們怕的是跟生者失去了聯繫，斷了聯絡，我覺得那才是真正的恐懼。

那失望，來自希望，卻也最能讓另一個人類理解，甚至動容。

心與心的關係，遠大於物質與人的關係

主角做為父親，他其實不怕死，他害怕的是無法跟孩子有情感上的聯繫。

我很喜歡諾蘭的「星際效應」，男主角去外太空時，整個地球他最放心不下的是他十歲的女兒墨菲。表面上這部電影好像是一個關於星際、人類滅亡的科幻片，事實上是父親跟女兒的親情，它在跟你說的是兩顆心，不是地球跟另外一顆行星，而是父親跟女兒的心，連在一起。

我要談的事情是這個。

就好像台達電，它是如此高科技，他們是全球電動車技術的領導品牌。可是我要講的不在於那些技術，在於這些技術其實聯繫著兩顆心，這樣你回頭去看這支片，就會理解我想談的是心跟心的羈絆。

羈絆的絆，是絆倒的絆，這個絆決定了你人生中很多選擇，也決定很多情境下你的情緒，更決定了你的人生目標。如果可以的話，我想請你多思考一下，你每一個作品裡面的絆是什麼？你的羈絆是什麼？絕對不會是那在永續發展上減少的碳排放量而已，而是它創造了人與人之間的羈絆。而那羈絆是什麼？那個羈絆夠巨大嗎？夠強烈嗎？或者說這個羈絆人們容易理解嗎？人們能夠參與進來嗎？人們能夠有所感受嗎？

所以影片一開頭，其實沒有看到女兒，可是女兒的作品證明女兒是存在的，而且女兒是用爸爸的癌症診斷證明書做為畫本。

這就訴說了這支片的基調，不只談環保做了什麼，還談永續。談的不單是死亡，還談生命。

永續談的本來就是生命，那又何必忌諱？

生與死本來就是相對的。

有些人忌諱談死亡，多數的溝通更是如此，但那是因為沒有找到好的說故事者。好的說故事者應該清楚知道，生命之所以可貴，通常在失去生命時才充分理解。

所以，怎麼可以自廢武功，斷了自己這麼好的一個說故事的可能性？

重點在於人們看完之後，是不是會更加珍惜生命，更加重視當下，更加願意跟這個品牌站在正面面對問題的位置，而不是說這裡有死亡，很恐怖嚇死人哦！那你就是白白浪費好好活在這世上的機會。

孔子說：「未知生，焉知死？」我覺得可以用另一種方式闡釋：「未知死，焉知生？」

我另外一支片22K，就是在計算人們剩下的天數，一個大學畢業生活到平均壽命八十二歲，剩不到22K。這當然跟死亡有關。

死亡之所以對我們有意義，是因為我們還沒死亡。

死亡之所以可以是思考上的一個重要素材，在於它讓我們體會重量，也體認眼前的可能性。

這父親知道自己身體有狀況，可是對他來說，最重要的是孩子可不可以好好活，所以我用孩子的繪畫來帶出父親心中的羈絆，和不捨。環境絕對是每一個長輩在乎的，用這創造和觀眾的連結。

我常開玩笑說我會比我女兒早走，所以我必須替她顧好這世界，因為她會在這世界活得比我久。

她可能還有七、八十年，而我呢？我幸運的話，說不定還剩下三、四十年。那剩下三、四十年的，就要為剩下八十年的人努力，你不可以留下一個不好的環境。其實那也從來不是留下，地球從來就不是我們的，我們只是跟子孫借來用。

做為一個借用的人，你這房客怎麼可以把房間弄得亂七八糟？

你一定有很多想說的事，這取決於你對世界的感知，還有在這感知能力下你所創造出來的信仰。你要把你的信仰放進作品裡，你的作品才會與眾不同，你的作品才會讓這品牌跟另外一個品牌不一樣，他們的不一樣來自於你。

如果你沒有不一樣，那一切又憑什麼會不一樣呢？

信仰決定行動。

ESG 心法

1. 就算為故事添加，最好也來自真實情境。
2. 心與心的關係，遠大於物質與人的關係。
3. 死亡有意義，只要我們還活著。

⑭ 台達電的SKY（下）：成為可再生資源

我們要有用，可以被利用。

在視覺上提供生命的線索

我想談談影片裡的耕種。耕種，就影像上而言，它呈現了植物、綠色，立刻就提供人們強烈的生機、旺盛的生命。在耕種過程中，主角淡淡講述「我也好想看到我女兒的畢業典禮」，隱約談到了死亡。

這來自他看到結實纍纍的植物，引發他內心思緒。這個畫面可以碰觸到每個人的心裡頭。

你選擇一個因環境汙染而生病的人當素材，如果把他塑造得很悲情，或許沒有問題。如果還可以把故事講得處處讓人意識到生趣，那或許才有力量。

有人好好活著，可是他生無可戀，他了無生趣，我們會覺得這樣的人很無趣，你不會想要跟他學習。可是，當一個人意識自己的生命有限，是有終點的，他可能可以萌發出更強烈的創意。

我就是這樣的人。我父親早走，所以我就會很努力、很認真想要盡量在有限的時間裡，做更多我感興趣的事，而不是跟隨這世界的規則，因為我知道那些都沒有時間大神訂下的規則來得巨大。

以定格姿態嘗試保留重要時刻

影片裡的女子，把結婚照裡的先生與後來母女照合成的段落，也是真實故事。我有個朋友，她先生因癌症過世，孩子那時才兩歲。老公努力對抗癌症時，她也得照顧年幼的孩子。老公過世後，更不可能有全家合照的機會，他們家竟然沒有一張全家福。

你可以想像有個家庭，沒有全家福嗎？

她想到一個方法。她找到當年的婚紗、婚紗照，再跟女兒穿上漂亮的白紗，照著當年的角度光線，請攝影師棚拍一張，再把兩張照片合在一起。

我聽到這故事真的很震撼。愛很難被講出來，因為人們不容易理解，甚至容易流於表象。可是當愛用這樣的方式呈現時，你清晰感受到這個媽媽很愛孩子，也很愛先生，而她選擇用這樣一個形式來回應這份愛。

這故事絕對會有感染力，絕對會讓人意識到你眼前的工作是有意義的。

照相，對一個家庭而言，是隨時可以發生的，尤其在有了手機之後。

但是，什麼狀況下，這件輕而易舉的事變得難以達成呢？

當然是主角不在了。

照相，更有一種儀式感。

那是紀念，可是，當那紀念難以達成時，隨之而來的創意都叫人不捨。

我可以延伸去談，這個情境相對於永續的象徵意義。

人過世了，但仍可以用自己的方式，去嘗試追回，賦予那意義。環境被破壞了，但仍可以用自己的方式，去嘗試保護，賦予那改變。這個段落，真正的重點不是死亡，更不是單純講一個悲傷的故事。我們想傳遞的，絕對是具有創意的去回答永續發展的問題。

悲傷只是外衣，真正的內容，是面對問題，並用創意去解決問題。

永續發展的溝通，應該也要追求永續

你不只是為老闆賺錢，你也在幫別人改善人生。不單是生活，我們知道很多產品都是在改善人們生活。可是如果我跟你講，他改善別人的人生呢？你沒做好，別人的人生可能會因此崩壞；當你努力做好，別人的人生可能會有不同的結局。我覺得這是對每個工作者最好的肯定。

我當時也是跟台達電這樣說。我認為不只要呈現這個企業的永續，更要讓企業裡所有成員感受到光榮。

我努力上班，不只是要幫老闆賺錢，而且是每一分每一秒都在解決世界的問題，我在改變世界。這是G，Governance，公司的治理。

這樣做永續發展，才能真的永續，而不是弄出報告書來，就結束了。

換句話說，這個作品不只是在肯定老闆的企業經營能力，他真正肯定的是每一個參與的員工，你們都是良善的，我覺得這才是最美的肯定。

這也是我想把這幾個生命故事拿出來的原因。這些故事很美，我們應該把好人給高舉，讓大家看到他們努力做好事，帶來好的效果，然後也改善自己跟家人的生活，更幫助別人生活。這是SDGs第8項目標，尊嚴工作啊。

把好人高舉，把壞人變好

我們要不斷把好人給高舉，好讓壞人知道。

壞人也是人，可能本來不是那麼壞，只是以為做壞事可以活得比較好。還是有一個好，壞人也想要好，只是誤解了，他誤會了。

你無法直接責罵他，好讓他不要做壞事。所以你應該把好人高舉，讓他們看到很多好人做了好的事，也活得很好，受人喜愛，而且也賺到錢，他們可不是因為做壞事而賺到錢。

我知道，許多黑心商人本來也是一般人，只是一時鬼迷心竅，那一瞬間，他成了黑心鬼。為了防止這件事，我們不是去罵鬼，而是應該讓鬼知道你可以做得像個人，而因為你做出人所認同的事，你成為我們心目中的好人，好人會活得好。

我們當然要譴責壞，但他已經鑄成大錯，你再譴責他，其實對於下一個壞人恐怕意義不大，

他誤以為做壞事會活得好，所以我們要讓他知道做好事才會活得好。就算你跟我一樣沒什麼家世背景，沒有顯赫的長輩庇蔭，你還是可以靠自己的能力去做好事，讓人們認同。這是我最想做的，這是我最想說的。

把好人高舉，把壞人變好。我們可以的。

那才能讓我們真的永續。

星星雖然小，可是明亮，並讓人仰望

鄭崇華董事長從小就很喜歡看星星。他還是個小孩子的時候，就跟父母離散，自己跑到台灣來。他在台灣受到政府照顧，學會了一些技術，之後創了一個企業。

當他還是孩子時，因為沒有家人陪伴，所以只能坐著看星空。後來他還贊助中央大學的天文觀測計畫，因此中央大學特地將他們發現的一顆小行星定名為「Chengbruce」。

我覺得這件事情很浪漫，鄭崇華董事長有種純粹感，記得自己曾是一個孩子的時候。

用孩子的眼光看世界，最能打動人，也最能看到真相。

我在故事的最後，讓這孩子再度出現，同時放上一句話：「如果有一天，孩子連天上的星星都看不清，那我們還算什麼樣的大人？」

我也要跟所有人分享這句話，我們本來都是孩子，就算你現在沒有孩子，你自己也曾經是別人的孩子。

你一定有善良的心存在。

成功與失敗的定義，決定你的成功

如果有一天，因為你的所作所為，讓其他孩子無法像當初做為孩子的你一樣純粹良善，那是你最要小心的事，那才是你人生最大的失敗。

我覺得成功是能夠成別人的功，成功是能夠讓你快樂，別人也能夠快樂。當別人因為你的成功而哭泣，而家破人亡，而妻離子散，那是黑心商人，那成功不會是快樂的，那成功裡一定摻雜許多不安、內疚、罪惡感。

如果你還沒發達，還沒有出人頭地，可是你的每一個行為，每一個動作，都可以讓別人好好的活，那你憑什麼不能被稱之為成功人士？你成功創造了一個你良心平靜，能夠感受到平安的地方，那你怎麼能不成功？你怎麼會是不成功？

你甚至比很多世俗所謂的事業成功人士活得更好。
那就是人生的成功。

我們要有用，可以被利用

我們常常認為溝通傳播是在操作商業，可是商業裡面一定有人，你講話的對象也一定是人，所以這商業只是一個讓作品能夠產出循環的一個系統而已。但這個系統真正是用來服務更巨大的，就是良善的人。

當你把握了這件事情之後，這個系統也才能被你所用，否則你只是被這系統所利用。不知所以然的溝通，沒有確切目標的溝通，只是種消耗。只是消耗的東西很容易就被丟棄，只是消耗的東西很容易就會消失。

我說的被利用，包含作品。

我們要做個有用的人，我們的作品，可以被利用，而且是善加利用。

有些企業可能會覺得，我們只要有講就好，有做就好，不必追求卓越，尤其是在永續發展的溝通上。

如果你的作品只是想要有講就好，那它就只會創造一點點影響力，甚至，比一點點還少。

可以被利用，可以廣泛地被利用，其他人可以拿你的東西來做為教材，拿來教育夥伴，教育下一代，那是更高的可被利用。

我們要的是，希望因為我們的營造，因為我們的參與，它變得更好，更能夠在人們心裡頭有一個美好的位置。

無法再生被利用的資源，我們通常稱之為廢棄物。

盡量不要做廢棄物。

眼睛盯著，壞事就會變少，好事就會發生

當你讀完一整個故事之後，它最後會給你一種溫暖感。雖然你看到的是有一個家庭被傷害、被破壞，可是你會知道，這一切是有轉機的，這一切是

會有生機的。

就好像片中那個媽媽說：「我先生那時候就說，台灣的環境一定會愈來愈好，因為愈來愈多人關心啊！」

對啊！愈來愈多人關心，愈來愈多人在意，就會愈來愈好。

我們可以改善的。

這是我努力追求的，這也是我們每一個作品應該要把握的。你當然可以去面對問題，你也應該要面對問題，可是面對完問題之後，重點還是在於你的態度，你的思考。你是要解決問題，而不是要擴大問題。不是要讓這問題很醜陋，好去嚇誰。

讓這問題被看見，我們沒有略過，我們沒有別過頭。看著它，這問題就開始變小了。

問題就跟壞人一樣，或說壞事一樣，當大家一起看著他，壞人就不太敢做壞事。他會被這些目光視線，這些參與者，這些代表歷史的目光盯著，讓他做出更好的選擇。

你的作品也是，你的作品勢必要被更多目光看到，勢必要吸引更多目光，所以它應該要做得更好。因為它代表你，你值得更好一點。

祝福你。

ESG 心法

1. 把好人高舉，把壞人變好，才能真正永續。
2. 要成為可再生被利用的資源，不要當廢棄物。
3. 盯著問題看，不要別過頭，問題就會變小。

四

以信念，為世界創造真實夥伴

15 與人為善的真正意義

真正的君子，就是幫助別人行善。

君子的做法

大家知道「與人為善」的意思嗎？

也許，你跟我一樣，弄錯了意思。我們可能都以為是要跟人家相處得很和善，可是，教育部成語典的解釋是：「贊助別人做好事」。

《孟子．公孫丑上》：「子路，人告之以有過則喜；禹聞善言則拜。大舜有大焉，善與人同；捨己從人，樂取於人以為善。自耕、稼、陶、漁，以至為帝，無非取於人者。取諸人以為善，是與人為善者也。故君子莫大乎與人為善。」

大意是說，要是有人提醒子路哪裡有不好的地方，他就會很開心地接受，然後趕快去做；大禹只要聽到好話語就馬上恭敬地敬拜學習，都還不必提到他有什麼過錯要改正。至於舜更了不起了，捨棄自己的想法，樂在和人一起做好事，無論從事農耕、燒陶、打漁等工作，或者後來成為皇帝，他都願意虛心效法別人，肯向別人學習善言善行，並且努力幫助別人行善。所以，做為君子，最好的事就是幫助別人做好事。

原來，最君子的做法，就是幫助別人行善。

嘿！這不就是我們這本書一直想要談的概念嗎？

這不也是我們一直在討論的永續發展目標嗎？

去協助參與，讓人們所做的好事，經由我們的參與，而做得更好，做得更有影響力。我想，這樣有智慧的事，是讓我們可以變得更好的機會。

過去我們都會想說要與人為善，講的是人緣好，跟每個人都能好好相處。但話說回來，如果你可以好好幫助別人去完成好的事，那結果當然會是你人緣好，大家都喜愛你，因為你做到了一個君子該做的事。

我們的企業是君子嗎？若是的話，那麼除了自己努力完成永續發展的目標外，其實，也可以大量思考如何促成別人在投入的好事，無論是站在助攻或者聯名的位置，都可以在溝通上創造很不錯的加乘效果。

誰不想當君子啊！但要與誰為善呢？

每個人都有自己的SDGs

我很重視個人的SDGs，原因很簡單。

因為我是窮人家的小孩，從小拿一些清寒獎學金。單薪的爸爸，得照顧失智症的老婆，還要拉拔兩個小孩長大。我得到很多人的照顧，有些是個人，有些是團體。

我的第一副眼鏡，是國小三年級的導師帶我去配的，而且是她送我的。

奇妙的是，我的度數都沒有再增加。

相信沒有幾個人聽過團管區有獎學金吧？我領過好幾次團管區的獎學金，都是爸爸幫我申請的。雖然金額不多，可是看到爸爸臉上的笑容，我就覺得也許他肩上的壓力稍稍減緩了一點。

我是被他人的SDGs所幫助過的。

長大後，我幸運的擁有自己的專業，就會想適當地做我的SDGs，所以想幫公益團體拍片。其實，這是在幫我自己，幫我找到自己的價值。

寫書也是另一種SDGs。寫書若以經濟的角度來看，是完全不符合效益的，甚至該說是經濟效益極差的一個行為。因為一本書要花上我好幾個月的時間，而一本書的版稅收入通常是三十到四十元左右，以目前的市場，可能就是七、八萬元之間，若認真計算，可能連最低工資都達不到呢！

但，書可以在我身體到不了的地方，在我物理狀態下無法分身的時候，去影響某位我不認識的人，或許可以幫助他進行對我的世界的改造，那是我期盼的。

書也可能活得比我久，當我離開這世界，也許，我的想法還有機會改善某件應該被改變的問題，那是我期盼的。

還有，我在想的是，我的孩子。

你的家庭有什麼？

我的原生家庭，什麼都有，有爸爸，有媽媽，有哥哥，有妹妹，就是沒有錢。

我的父母雖然沒有錢，但是，因為這樣，他們的愛，反而很明顯，我可以清楚看到。

你可以試試看，做個實驗，兩隻手各拿一張一千元，攤開放平，然後擺在距離孩子眼睛一公分前，這時問他：「請問你可以看到爸爸／媽媽嗎？」

答案，應該是否定的吧！如果是肯定的，要留心，你可能正在面對一個謊言。開玩笑的啦！

有些父母，在孩子的視角裡，線條可能並不明顯，因為被錢擋住了，被鈔票買來的東西擋住了，你給他愈多，愈會擋住你和他之間，讓他只在乎你給的東西，讓他沒有空在乎你，而很少有機會好好看看你。

這個道理很淺顯，人的心思，就這麼大，給了A，就無法給B。沒有那些東西，你們才會努力相處，你們才會在生活裡找出樂子。

我女兒說：「爸爸不是人。」

我很驚訝。

她接著緩緩地說：「爸爸是玩具啊！」

這對我來說，是種恭維。

你也可以做個實驗，在沒有網路、沒有螢幕的地方，你和你的孩子，如果不會感到無聊，那你們彼此可能還稍稍擁有彼此。

否則，你們的關係說不定只是假象，跟你平常批評的網路亂象差距不遠。回到這一段的開頭，你現在組成的家庭有爸爸嗎？有媽媽嗎？有哥哥嗎？有姊姊嗎？有弟弟嗎？有妹妹嗎？

你說戶口名簿上都有，最前面都有寫，父、母、兄、妹，那個稱謂欄呀！

呃，我跟你說，要是稱謂欄上有寫就好，那我猜，這個世界應該就沒有什麼問題了。

我們當代社會目前面對最大的狀況就是，名實不副。

你眼裡有什麼，你孩子的眼裡也會有

你們家真的有爸爸嗎？

爸爸的工作，不是加班耶。爸爸的工作，是陪孩子聊天，陪孩子玩球，陪孩子吃飯，陪孩子討論今天學校發生什麼事，陪孩子看天上的雲長什麼樣，然後一起畫下來，並且貼到牆上，因為這是爸爸和孩子的作品。這些才是爸爸這個身分的工作。

你沒有做爸爸的工作，為什麼說你們家有爸爸呢？

你說，沒有啊！我的工作得加班，很多事我顧不到，沒有空。

我懂，但是，我還是必須指出一個根本的謬誤，那是你做為一個受薪者的工作內容，不是爸爸的工作。

賺錢是爸爸的工作之一，但不是全部的工作。

就好像，你的孩子跟你說他有讀書，但他就只有讀國語，其他科目都沒讀，所有功課都沒寫，考試時也只考國語，其他都缺考。

那，你會說，他是個好學生嗎？

延續剛剛的小實驗，你努力去賺錢，然後把錢放到你的孩子面前，讓錢代替你爸爸的角色，讓錢做你的替身使者，久而久之，你的孩子，就只好，認錢作父。

他從小開始累積的影像，不是他和爸爸一起經歷的影像，他腦海中浮現的，只有一些東西和他一起成長。那，你真的不能怪他，他對那些東西比對你有感情。

如果你還規定他要愛你，那，你就是獨裁政權，你只做對你有利的規定。

那怎麼辦呢？

你有選擇的。

就像我一開始說的，我們家，沒有錢，但有爸爸媽媽。

說實在的，我們家不是沒有錢，是沒有很多錢。因為父母勤勞工作，所以勉強有足夠的錢生活。我們很幸運，居住在台灣，要讓一家人溫飽，不需要非常非常多的工時，只要你不要買那麼多東西。

這樣，你也不會讓那些東西擺在你和孩子之間，認錢作父，真的很可怕。

想像你的孩子對著一張千元鈔票喊著爸爸跑過去，很詭異吧！

看似岔題，其實，我想分享的概念是，如果我們一直盯著金錢看，那孩子眼裡也只會有錢。

可是，如果孩子看得到爸媽，爸媽的眼裡頭有他，那孩子的眼裡，也會有爸爸媽媽。

那如果，他的爸媽眼裡有他，還有他所在的世界，包含環境呢？

孩子也會看得見環境。

他的爸媽關心永續發展的議題，他的爸媽關心孩子成長的世界裡有沒有不公平正義的事，這樣的孩子，長大後，應該不至於完全無視他人的苦痛，不至於完全不在乎世界被破壞，不是嗎？

與其害怕孩子沒有變成好孩子，先擔心自己是不是個好大人吧！

你的社會參與，孩子看在眼裡，自然不至於離社會太遠。

這是我個人的SDGs。

與人為善，當然可以從個人做起。還有，尋求外部夥伴進行合作，往往也會有很精采的可能。

時尚也可以講究環保，在乎平權

Story Wear 是一個台灣的時尚品牌，品牌精神是 Be kind, be cool. 我是在參與一場活動裡知道這個品牌的，聽他們說明才知道，原來，紡織、時尚產業結合是繼石油產業後全世界第二大汙染源。台灣每年丟棄約七萬兩千噸舊衣，相當於每分鐘丟棄四百三十八件衣服，百分之二十的海洋汙染來源於時尚產業。

他們意識到這件事的可怕，因此主動尋求解決方案。

他們的衣服原料來自回收衣物與布料，交由在地的二度就業婦女和腦性麻痺患者家庭完成，從拆解到拼接，百分之百手工製造，完全體現永續發展的精神。

他們還與大品牌合作，跟 LEVI'S 攜手，重新拆解回收而來的牛仔衣物成為丹寧布料，經過設計，賦予嶄新的風格，成為全新但沒有耗費地球任何資源的衣服。

在世界海洋日跟保養品海洋拉娜合作，推動淨灘活動，鼓勵大家減少海洋汙染物，把工廠回收布料與衣物，請二度就業婦女及腦麻家庭手工製成環保袋，聯名販售，將部分所得捐給「看見．齊柏林基金會」，參與環境教育。

過去大家可能認為永續發展的推動較偏理工，是滿嚴肅的一件事，可是藉由品牌的實踐，我們看到不同的可能性，並且用美學做為溝通的橋梁，就能夠接觸到更多人，讓這個議題領域變得更加可親。

無論你是誰，你一定曾經是兒童

我還想到一個你可以考慮的好夥伴。兒童福利聯盟長期致力於兒童的權益，提出非常多觀念，包括校園霸凌這個名詞，就是他們倡議的。他們也針對不同的兒童福利，每年提出新議題。我跟他們說，我很願意參與更多，請他們千萬不要客氣。

像這幾年，疫情影響了許多人的生活節奏，可能大家也比較不會意識到一個議題，那就是領養。過往的領養人，隨著年紀漸長，慢慢的都無法再領養孩子。

而年輕人可能較缺乏這樣的觀念，沒有想到其實可以領養孩子，組成一個家庭。於是他們想到電影「親愛的房客」裡有領養的情節，就聯絡演員姚淳耀，問他有沒有興趣參與推廣領養的觀念。這位獲得兩座金鐘獎肯定的影帝，非常樂於參與。

在他答應後，又找上了我，問我願不願意。我當然一口答應。

在想腳本的過程裡，我又更貪心，想說我們的國民阿媽金馬獎影后陳淑芳要是也能來參與該有多好。於是，又拜託夥伴去問看看，沒想到，阿媽立刻就答應了。

我在一天內，重新修改腳本。

拍攝那天，非常有趣，我們竟然比預期提早了三小時收工。

因為，都是超級專業的表演者，用他們精湛的演出來詮釋故事，當然輕鬆寫意，我這導演簡直就是來看戲的，而且是高度享受其中。

故事裡，阿媽和兒子正要去醫院回診，看到鄰居夫妻帶著嬰兒回來，手上提著大包小包。

阿媽好意招呼說：「養孩子很辛苦喔！」

年輕爸爸回答：「不會啦！我們很開心啊！」

阿媽自然地說：「對啦！自己生的，要好好養。」

年輕爸爸遲疑了一下，回應阿媽：「不是我生的，但我一定會好好養，因為孩子是老天爺的禮物。」

阿媽略帶驚訝，在鄰居離開後，跟兒子說：「其實，你沒生也沒關係，去帶一個孫子回來跟我作伴，也很好啊！時代在進步，我們也要跟著進步。」

片尾結語是：「收養，是進步的一種選擇」。

非常家常的對話，但是，影響力很大。

◎收養，是進步的一種選擇

大家都知道，少子化是台灣當代問題，而領養孩子有時可以給那孩子更好、功能更完整的家庭；甚至，某種程度，可以解決兩個家庭的問題。最重要的是，這是一個選擇，而很多人還不知道有這個選項。經由兩位了不起的演員表演，自然就有更多人知道，並可以考慮。

你或許會說，兒童福利跟我的企業有什麼關係？

有的，關係很大。

你的企業如果追求永續，勢必得面對台灣勞動人口減少的問題，而勞動人口的素質當然跟家庭環境有關。

今天被領養的孩子，可能在短短二十年之後，成為你們企業的生力軍，他們愈好，你的企業前景愈光明，更別提隨之可能減少的社會問題，讓你的企業能有更佳的經營環境。

其實，這絕對是高度值得關心的議題，還有，你的員工可能也都會有孩子，並且，顯而易見的，你的員工一定曾經是個孩子。

現在就站在你的員工旁邊，參與兒童福利聯盟的工作，你可以同時滿足多項SDGs目標，並且發現你的每一分資源都被對方珍惜。

在愛裡什麼都美麗，什麼都有利

我參與性別平權大平台的評審，針對台灣企業在行銷上推廣了LGBTQ性別平權觀念，給予獎項肯定。

整個評審過程，我都在學習，也驚訝於台灣的企業不只進步，而且充分投入資源，自然也因為運用創意，而有許多很棒的作品。

因為板橋高中學生發起「裙聚效應」活動，啟發台灣奧美「PROJECT UNI-FORM無限制服」靈感，認為傳統制服為什麼只能有刻板性別樣式，於是和VOGUE合作，找了當代知名的服裝設計師，設計了男生女生都可以穿的制服，請高中生當模特兒，參與台北服裝週，在信義區的香榭大道舉辦精采的服裝發表會。這個作品在國際間得到很高的評價，獲得坎城國際創意獎一銀二銅佳績。

聯合利華做為個人用品的大企業，也積極參與 LGBTQ 的活動，除了每年的大遊行，也在網站上大量分享，貫徹當代平權觀念。

渣打銀行做為金融產業，也拍攝一系列微電影，談論性別平權，把其中的甘苦，與做為一個人的權利抒發出來，讓人們思考，究竟那個僵化的框架曾束縛了多少美好的事。

郭元益喜餅找來知名演員鳳小岳，面對傳統父親，觸及過往對同性婚姻的不理解，讓人們錯過了可能的美好，動人的情節，讓人印象深刻的對話，能引人深入探究。

還有許多作品，包括沛綠雅礦泉水、必勝客披薩、晶碩光學專業隱形眼鏡、世界最大的氣泡水機品牌 SodaStream、KKBOX 音樂平台，都投入參與性別平權的行銷活動，作品都十分精采，也都很有啟發性，讓我強烈感受到台灣已高度進步，很多企業都清楚地選擇加入這有力量，且具有未來性的議題推動。

我想，這麼多優質且成功的大品牌，都知道要選擇議題，直接參與議題的推動，不就再三說明，這個領域是十分值得投入，更能夠為企業帶來極多利益的可能嗎？

過去可能大家都會說，商品就是為了滿足大眾的需求；那麼，當大眾的需求已經走到需要企業付出對議題的關注時，你怎麼可以錯過呢？

選擇好議題，就是找到好夥伴。

好夥伴，一定有他們獨到的信念

許多企業都很努力投身在企業內部的永續發展，但其實除了內部的思考外，不妨也打開眼界，往外尋求夥伴。

這些夥伴多數原本就已投身各個專業領域，你只要跟他們聯名，或者以不同的形式站在一起，無論是聲援議題，投入資源，或直接把企業的服務或商品做結合，都是很不錯的參與方式。

我相信，找到好的夥伴，就能因為他們獨到的信念，讓我們成長。

記得，與人為善，就是幫助人做好事。

找到好夥伴，結果絕對會讓你更好。

ESG 心法

1. 除了自己努力的目標，也思考如何促成別人投入的好事。
2. 打開眼界，往外尋求合作夥伴，看到不同的可能性。
3. 聲援有獨到信念的夥伴，或與他們聯名，站在一起。

⑯ 洲南鹽場言承旭

嚴肅的事，輕鬆地講。

國家級優等獎

那天一大早，我們趕快起床，在嘉義市的飯店吃布袋港直送的虱目魚烏龍湯麵，裡頭的小卷各個跟我的兩根指頭一樣粗，虱目魚肚片大約是我手掌心大。大小是一回事，鮮甜的滋味，是不囉唆、直接來那種，來自海裡的生猛。

從嘉義市往布袋開了快半小時車，下快速道路後，在小小的產業道路間穿梭，洲南鹽場的標誌突然映在眼前。

為什麼要去洲南鹽場呢？

鹽不就是鹽，有什麼好看的？

不，如果只是觀光工廠，我也沒什麼太大興趣。但洲南鹽場著名的，不只是產品賣進極為重視食物安全的主婦聯盟，也不只是很多米其林餐廳主廚實地探查後認為最能搭配他們完美料理的提味精靈，更來自於他們在生產非常高品質的鹽之外，也推廣晒鹽文化和自然環境教育以及土地倫理。

不只是把產品做好，更實地且有系統有趣味地進行環境教育，甚至在二〇一六年拿到國家環境教育優等獎，這讓我感到十分好奇，一定得去好好認識一下。

洲南言承旭

去之前，聽說主人是做環境教育的洲南言承旭。聽到這名字，感到有趣極了，想像必然是位帥哥。後來發現，果然是帥哥，但卻是把事情做得帥極了的帥哥。他中等身材，中等美貌，重度晒黑，但臉上笑容燦爛，不輸此刻室外的陽光。

他先自我介紹，蔡昃樵，外號「洲南言承旭」，但其實是「洲南鹽承續」，因為他做的是製鹽文化的傳承延續，我大笑。

他首先請大家喝茶，透明的茶壺裡是深紅赭色的液體，每人用鐵碗倒一碗來喝。他笑咪咪地請大家猜這裡頭有什麼？有人猜黑糖，他說對。那是哪裡的黑糖呀？大家莫衷一是。他說，台糖的。但台糖還在做糖的只剩兩個糖廠，他喜歡的是台南善化糖廠的糖，因為做法比較接近印象中的古早味。

那裡面還有什麼呢？他繼續問。有人猜地瓜粉，他說對。但地瓜粉是地瓜做的嗎？當他這樣問時，我們可想而知，答案當然不是。那會是什麼呢？是樹薯。

此外，還有什麼呢？他一邊問，一邊領著大家思考，同時給大家線索。這是鹽工茶，鹽工在大太陽底下勞動會流很多汗，那麼，需要補充什麼？沒錯，就是電解質，所以必須要加入什麼呢？也就是今天的主角，鹽。

大家人手一鐵碗，享受著。許多人喝完一碗後，又回頭去倒，風習習吹來。我發現，他是位溝通技巧非常成熟的傳播大師，藉由幽默風趣的口吻，不斷把文化內容放進趣味的故事裡，實在是很高竿。我一邊聽，一邊笑，但同時暗暗筆記，覺得親炙了一位大師，一定要好好學上幾招。

米其林等級的環境教育

聽鹽承續說才知道，原來，洲南鹽場已有近兩百年歷史。一八二四年設立，二〇〇一年廢晒後，二〇〇八年才重建，並且在二〇一〇年開始從事環境教育。二〇一一年除了既有的製鹽工作，更在二〇一六年獲國家環境教育優等獎。

我最有興趣的是環境教育這塊，我發現，他刻意不讓如此嚴肅的議題過於沉悶，所以準備許多道具。他說：「大家這麼辛苦來到這裡，等等又要下鹽田，不如先吃個甜的。」

我心想，這裡是鹽田，怎麼會有甜的呢？

他說，讓我們來呼喚小天使，然後大家就跟著一起「小天使、小天使」的喊著。你知道，現場幾位除了我以外，都是社會賢達，都是平常在媒體上常見報導的意見領袖，七十餘歲，政治、教育、體壇各領域都有，大家卻跟著一起呼喊，實在很有趣。

一會兒，一個年輕女孩端著兩盤鳳梨出來。

鹽承續請大家享用。他說：「來，這裡有兩盤鳳梨，大家吃看看，吃完跟我說哪一盤比較好吃。」

大家拿起叉子吃鳳梨。第一盤，很好吃。第二盤，也太好吃了吧！大家露出驚訝的表情，紛紛指向第二盤。

「哦！大家都選第二盤。那，請問大家這個鳳梨品種有什麼不一樣？」

大家討論起來，有說晶鑽，有說牛奶。

鹽承續帶著笑容回答：「我跟大家說，這兩盤是同一顆鳳梨。」現場一陣譁然。「我只是加了米其林主廚也讚不絕口的鹽花而已。鹽可以提味，所以，同一顆鳳梨，會有不同風味。」

所有人恍然大悟，發出「哦～」的讚嘆聲，相視而笑。現場有社經地位極高的銀髮族，也有如我女兒的小一新生，大家同時被眼前有趣的情境弄得驚訝無比，回到最原初充滿好奇的模樣。

原來，這就是米其林等級的環境教育呀。

先甘後苦？

這時，有懂吃會吃的老饕問起：「老師，你這鳳梨在哪裡買的？實在很好吃耶！」

「這個很重要，我跟各位報告一下，鳳梨是我在這裡的菜市場買的。」他開心地笑，眼睛都瞇成了一線。所有人也跟著他笑成一團。

只是，我邊笑邊想，為什麼是這個順序？這是什麼樣的設計？

為什麼一開始就讓我們吃東西，或者說吃甜頭呢？

這跟過去我們的教育現場很不一樣。傳統的老師都是先單方面給你知識，當你習得知識通過考試後才會有獎勵，沒有通過就沒有獎勵。

而他的做法，比較像是一開始就給你一個好處，但這好處是為了帶起你的好奇心，激起你對即將學習的知識有興趣，這樣接下來的傳遞知識，就會更有效率；同時也以設計思考的角度，讓初來乍到的參與者化掉那個隔閡感，在吃食之間笑鬧，緩緩帶入想傳遞的訊息。

嚴格說來，這跟我們做廣告，花費一整個策略部門努力研擬溝通策略是一樣的。提起人們的興趣，比訊息本身更重要，因為那是溝通的第一步，沒有這一步，就不容易有下一步。

我們都習慣先苦後甘，尤其在教育上。結果，現代人面對溝通是只要遇到苦就轉頭離開，也不會覺得學習是開心有趣的。最可惜的是，當你感到痛苦，你就不會有動力想去理解，更別提持續了，這在ＥＳＧ上更是顯而易見的難題。

但，只是調換順序，先甘後苦，那苦，會不會比較容易吞下呢？我想著。

用愛宣誓

「大家都吃過了之後，我們就要下鹽田工作了。」他吆喝著所有人跟他走，突然，拿出一個卷軸。

我正好奇那是什麼，他就笑咪咪展開那卷軸，內容是：

宣誓

我：〇〇〇

即將走進一八二四年間建的洲南鹽場。

鹽田裡，鹵缸水深危險，靠近時要特別小心，

鹽田路小地滑，我會注意自己的安全。

我會用心感受，海水、土地、季風與陽光，

將土地公的智慧放心中，做一個快樂新鹽工。

宣誓人〇〇〇

他要大家舉起右手，手掌張開，舉在半空中，跟著他一句一句唸，做為宣誓。

所有人都笑著舉起手來，一句一句認真跟著唸。我回想人生唯一一次宣誓，是結婚的時候，沒想到，第二次竟然是在鹽田裡。

看似逗趣無厘頭，其實我猜，就是要化去那個隔閡，淡化大家的戒心；同時也藉由這個儀式感，好讓人慎重面對接下來的事，不輕易走馬看花，更讓他想講述的概念，有機會進到人心裡。

水地風光人晒鹽

脫下鞋襪，我們很不習慣的赤腳，走在鹽田間的小徑上。對我而言，是一種久違的接觸自然，腳底的感覺特別，當然也就影響了你對一切外界資訊的感受。

鹽承續再度請大家跟著他唸：「水地風光人晒鹽」。他說，許多人可能來了兩個小時，聽一大堆然後都忘了，但至少可以記得這句，因為裡頭包含了所有晒鹽的主要因素。他唸了一遍，請大家複述一次。

他請我唸一遍看看，這時我留意到他身上的藍色T恤，就大大印著這幾個字，於是用眼角偷瞄，跟著大聲複誦。他大笑說：「這個很好，人家幫你準備小抄，就要懂得看呀！」

其實，人生確實就是一個openbook，只是我們都很遲鈍麻痺，不想再學習而已。

來到第一個鹽鹵池，鹽承續拿出一個類似溫度計的測量工具，置入池中，原來是測量鹹度用的。我和女兒湊近去看那鹹度計的刻度，一邊聽鹽承續說，前一天天氣預報會下雨，所以，他們趕緊趕回鹽田蒐集鹵水，免得因為下大雨整池泡湯。

至於，蒐集鹵水的方式，也是藉由古法，然後再經現代改良，讓引進的海水其中的水分藉由日晒蒸發，並不斷集中到池中，鹽分慢慢增加，較重的鹽水會沉澱在底下，就算下雨，比重輕的較淡的水仍維持在上頭。話說得簡單，但如何讓人們記得，並且有強烈感受呢？身體最好。

粉紅池裡的太陽下海

他帶著大家到其中一池，請大家坐下，把腳放入池中。那池水奇妙的呈現粉紅色，非常浪漫美麗。我們依序沿著池畔坐下，清涼的風吹來，雲布滿天空，池裡的水冰冰涼涼，奇妙的泡腳經驗。

這時，鹽承續說：「大家現在應該都是泡著上面的池水，很涼很冰吧！這應該就是昨天下午下的雨水。」大家紛紛點頭稱是。「那接著請大家把腳往池子底部伸，不要怕。」

一開始，大家都有點緊張，因為不知道池子有多深，怕不小心跌下去。等到往下伸去，卻個個驚呼。因為溫度很高，簡直就像溫泉一般，非常舒服。

身體立刻記住了鹽水比較重，所以沉在池底。這對我來說是很有趣的學習經驗，因為身體比大腦先感受到，這個經驗想忘都忘不掉。

他繼續解釋，昨天池水晒了整天太陽，到傍晚開始下雨，所以較重的鹽水不只沉在下方，而且還保有那溫度，形成奇妙的三溫暖。

我望著眼前的粉紅池，看著每個人點頭如搗蒜，繼續聽他解釋粉紅池的由來。原來水中有一些藻類，它釋放的類紅蘿蔔素，讓池水有了極為美麗的粉紅色。

鹽承續說：「其實，我最喜歡在一天工作將結束時，坐在這池裡泡腳。四周的水鳥飛過，晚風習習，看著太陽下海，非常享受。等到星星出來，我們這裡完全沒有光害，可以看到滿天星斗。」

他又微微一笑，「你們有沒有發現我剛說太陽下海。其實，我們居住在台灣西部，幾乎只會看到太陽下海，不會看到太陽下山。因為西邊沒有山，只有海。這其實也是我們平常不夠關注我們環境的結果吧！」

米其林等級的鹽之花

鹽承續還帶我們去採鹽花。原來鹽花會沿著池畔結晶，彷彿「冰雪奇緣」片中的雪花一般，一片片有著美麗的花紋。

我們彎下腰，從池畔拿起一塊，在陽光下晶瑩剔透，好美的結構體。我正把它放在女兒手掌中要拍照，鹽承續還提醒我要逆光拍，才會凸顯其中的美麗。

他要我們試著放一小片到口中，品嚐看看。奇妙的是，竟可以感受到一種鹹味後帶來的清甜，由口腔傳出。

他繼續分享，鹽花是非常有趣的東西，在不同時節，因為季風和日晒雨落時間的不同，會帶出不同季節的風味。許多米其林餐廳的主廚來過這裡，一個個嚐過，可以輕易地分辨出其中的不同口感。也是因為現在每年的氣候不同，因此，他覺得如此獨一無二、由老天爺賜予的鹽花，應該以節氣時間給予不同的產品定位。

嘿！我又聽到一個超級精采的 good idea。

如果你把產品看待成大量標準化規格化且低廉，那你當然就只能追求大量，因為薄利，那當然沒什麼問題。但，如果，你能找到產品的獨特點，賦予它因那特點隨之而來的奇妙個性，那不就是一個可以加值的產品利益嗎？

最棒的是，這還是來自於敬天愛護環境，理解自然的不可測，隨著尊重自然環境發掘而來的獨特利益，我覺得，這件事，很美。

那天，我帶回家的是「旬鹽花。小滿０５２３」，小滿是那天的節氣。０５２３是收成的日期。

充滿價值的收鹽

正在寫這篇文的我，轉頭問女兒：「妳還記得晒鹽嗎？」小一的她頭也不回地答：「水地風光人晒鹽啊！」

這也讓我想起當時，他請了三位年輕的夥伴來收鹽，他們手上拿著依古法由老鹽工傳承下來的手工製造長刮刀，前頭的橡皮材質，是用腳踏車的內胎製成，柔軟耐磨，可以在每一次把鹽收攏時，避免刮壞鹽池底用來讓鹽結晶的瓦片。

用長刮刀把鹽逐漸往中間收攏，這個動作需要高度技巧，需要長時間練習，一開始都會有無法弄整齊的問題，也會造成收鹽的小損失。鹽承續接著又拿出一個外型特殊，看起來有如另加了幾個支架的傳統畚箕，鏟入、甩動這一連串協調的動作，非常需要技巧。

他說，做這個動作要小心，不只需要力氣，還要穩定的核心，否則不小心就會受傷。我跟女兒說：「好辛苦噢。」

他笑著說，有位校長帶學生來參觀見學，最後，校長跟學生說：「晒鹽很辛苦，你們回去要好好讀書。」

我聽了直搖頭，怎麼會這樣？什麼時代了，還有這種落後的想法。

鹽承續笑著指指那幾位年輕鹽工，他們都是有學術專業的碩士。辛苦是一回事，認真面對工作，把工作做好，你就會有價值感。

ESG的溝通大師

結束後，我忍不住去跟鹽承續搭訕。我說你的溝通能力真棒，讓每個人在短短幾十分鐘裡用極為舒服且趣味的方式，了解晒鹽的過程外，也把敬天與愛人都放入我們的心裡；對環境的深度教育，讓我們在享受食材時，感受到自然環境的友善互動，讓產晒智慧與土地倫理結合在一起。我剛剛經歷了一個精采的故事之旅，而且可以感受到是精心設計的溝通過程，我謝謝他。

他笑說，你看出我的伎倆啦！我大學可是傳播系畢業的。

我還必須說，這樣的食農環境教育，其實是台灣許多企業都可以學習的。

你本來就會生產產品，但讓產品的來歷透明且具戲劇效果的設計，呈現給消費者，當然可以讓你的品牌更具有魅力；同時，更是直接參與ＥＳＧ，把你們在ＥＳＧ上的努力用心，完整並具有情感的變成一個故事被說出來。

我想，任何生產都可能對環境有影響，可是在對環境有足夠敬意的思考下，就可以找到衝擊更小的對策，而那些思考過程從來就不會白費，那些讓你曾經苦惱投入的都是最好的故事，都值得說給大家聽。

而那帶來的價值，巨額的金錢利潤，恐怕還只是最小的一部分，對品牌的助益才是巨大。你對環境那實實在在感動人的用心，勢必會停留在人們心裡，只要願意把故事說好。

記得，嚴肅的事，輕鬆地講。

ESG 心法

1. 人生就是個 openbook，要懂得看，要去學習。
2. 對環境有足夠敬意，你就可以找到對環境衝擊更小的對策。
3. 那些你曾苦惱投入的，都是最好的故事，最能深植人心。

⑰ 獨立書店是強壯的好夥伴

好夥伴，讓你事半功倍。

如果你跟我一樣弱，就要找強壯的夥伴

許多人可能不熟悉獨立書店，但我認為，獨立書店是台灣實踐SDGs很成功的夥伴，不是空有熱情，而是充滿了實際執行的能力。選書是他們的專業，對於不同領域的專精品味，培養出死忠且高度行動力的讀者，往往都能在各種議題上發聲串聯，並且有實際行動。

最重要的是，他們多數都已變成當地的文化聚落，周圍幾十公里，有時是近百公里，都在他們的守備範圍內。距離是一個，重點是影響力，許多地方上的藝文人士、意見領袖、媽媽社群、環境社團、動保團體，都會以獨立書店做為出沒的地點，任何新書、議題流動，都很直接且傳遞快速，也因此，許多議題推動者都會把獨立書店當作主要發聲的傳播地點。

永續發展的議題包含各項人類生存須改善的目標，對他們來說絕不陌生，說不定在某些特定領域裡，還比一般企業更具高度的參與和專業投入呢！

許多獨立書店邀請專業的作者，每年好幾場講座，深度且廣泛的對談與討論。要是我有任何議題想推動，一定優先找獨立書店做我的夥伴。

一呼百應，而且應完還有實際動能創造真實活動，獨立書店絕對是永續發展的強壯夥伴。如果你跟我一樣弱，就要找強壯的夥伴。

劃過螢幕的流星，是真心吸引來的

有一年的世界閱讀日，台灣獨立書店聯盟找上我，拍一支片推廣閱讀。

我邀請盧廣仲，在滿是書籍陳列的書店中，唸詩人羅智成老師的一首詩〈夢中書店〉。盧廣仲拚命地唸，唸到我看到現場監看的螢幕裡，有個光點從螢幕中自上而下飛過。那一閃而過的光，是什麼？

我很好奇，探頭看，才發現，盧廣仲竟然認真到汗珠從臉上滴落。

我說，你也太認真了吧？

他說，這件事不應該認真嗎？

講這段故事，除了要再次感謝盧廣仲外，還想要請大家思考一下：為什麼一位雙料金牌金馬獎金曲獎影帝，會為了一件事大力付出，完全燃燒呢？

當然是因為他面對的對象，就是這樣的人。那群獨立書店的夥伴講起話來，眼睛都發著光，嘴邊都漾著笑意，面對問題總會想出創意來解決。他們別的沒有，就是面對困境的經驗特別多，還有，堅持到底勝過困境的經驗值也超高，是我看過最有想法和做法的夥伴。

那種魄力，絕對是地表上最強的吸引力，可以吸引盧廣仲這樣的巨星。

你有機會一定要試試。

地方創生的重要推手

我常跑步去書店買書，這是我的自我療癒行程，一舉兩得，一次擁有兩樣我最喜愛的樂趣；而且，因為開心，所以我盡量每天都這樣做，讓自己每天都很開心。畢竟，這世界太殘酷，我每天都被傷害，當然要日日療癒，天天康復啊！

因此我的跑步路線，是用書店來規劃的。其中最重要的一個點，就是南崁小書店。

這個深耕南崁的獨立書店，非常有意思。老闆娘夏琳是高雄人，曾在超大公關公司做過文化策展人，為了讓居住的地方有自己喜愛的事物，因此開了一間小書店。

我有一次跑步經過，就愛上了那在公園旁小小的店。透過落地玻璃，你可以看到裡頭陳列井然有序的書，發著光，照亮了周圍。我跑步買書的習慣就此產生。

他們不只重視選書，更在乎地方文化的催化，不但大量舉辦講座，也有許多繪本的說故事時間，邀請各地作者來分享，還有為孩子而做的手作課程，十分豐富。幾乎你想得到的，她都做了，還做了很多你想不到的。

於是，這樣的充滿創意，也吸引了附近許多人來成為店工，但他們的真實身分臥虎藏龍，有專業插畫家，有企劃人，有地方意見領袖。

一日店長，主題規劃

連我都想去沾光，當一日店長，策劃一個主題，由我主導選書，我覺得很有趣。

我可以整理出我關注的議題，曾讀過的有意思的書，做一次有系統的深度介紹；並且還可以請書店進書來賣。當然，我也會用自己的社群幫忙宣傳，邀請朋友來支持，然後以我這種個性，就會對每一位上門的客人，給予最大限度的分享推坑，非常好玩。

那天，我在店裡播放 Radiohead 的音樂，他們從來沒想過要放這類另類搖滾樂。

我穿上他們準備的好看工作圍裙，把頭髮放下，照著他們給的價目表，依著書上不同顏色的貼紙計算金額，呈現我手忙腳亂……不，精明幹練的另一面。這對許多特地跑來的客人朋友來說，也是全新的經驗。

你想像，你的企業要分享你們的ESG，不也可以採取這樣的方式？

雖說是一日店長，但時間長度當然也可以是半個月的展期，由你們來規劃選書策展，包含音樂、電影、書籍，都從你們的角度出發，針對不同議題提出觀點。

當然，也可以分享你們實際投入的做法，藉由原本書店的人潮客群，做更深度的溝通，吸引更精準的族群，讓高度關心議題且有行動力的人前來關注投身。如此一來，不只減少傳統大眾傳播媒體上被無關訊息淹沒的高風險，更是實質發揮影響力，避免浪費的機會。

也就是說，你還是可以投資在大眾媒體上，但是分一部分資源在獨立書店裡，做深度且有效的溝通。你們的員工夥伴也可以直接來參與，在假日現身說法，和民眾面對面，分享自己平常在ESG上的投入，無論是在環境保護、爭取教育機會均等、城鄉平權，各種目標都能夠兼顧；也可以找尋不同獨立書店合作，在全台各地依時展演分享，你就可以把每個地方的意見領袖一網打盡，藉這機會理解你們，這樣不是很有效益，同時也很好玩、很有創意嗎？

推動地方走讀

一次，夏琳找我，說他們想做一個地方走讀的活動。他們認為在這裡生活，就應該要對這地方的脈絡有更進一步的認識，才能理解當地，生根落葉，並且凝聚居民的認同感，在未來可以幫助公共事務的推動。

他們爬梳地方文化歷史，訪談專業文史工作者，針對幾個重要的文化聚落，了解過往歷史起源，找了專業插畫家，畫成好看的手繪地圖；並且前進校園，從教育扎根，讓孩子從小就親近土地，理解自己生活的地方。

我非常贊同，這完全就是推動永續發展最好的方式。當一個人對自己所處的環境沒有認識，就沒有情感，遇到選擇時，就很容易選擇拋棄環境，選擇經濟報酬。可是，當他理解後，就會產生感情，就會深入思考各種決策將帶來的衝擊。對於各個不同族群產生認同，就能夠有更好的判斷標準，不會輕率毀掉未來人們生存的機會。

我說，好棒！那我可以做什麼呢？

幾位夥伴圍著我說，希望我可以幫忙拍支片。

我一口答應，因為他們不只有誠意，也已經主動找到了資源，願意付出合理的費用，並創造適合的情境，讓我加入。

我說適合的意思是，我認為他們有清楚的方向，也有足夠的動能，更有大大的熱情吸引我。最重要的是，他們是在為我生活的世界努力，那我當然也沒有道理不參一腳。

我找來台灣廣告攝影第一名的攝影師，請深愛家鄉的他從宜蘭來幫我忙，因為我們也是為了我們居住的鄉里在付出，光這點就足以吸引他參與；加上合理的報酬，有意思的主題，傑出的人才就有機會願意參與。

我還找來四分衛的主唱阿山，他原本就喜愛旅行，而且是對文化教育有高度熱忱的好爸爸。他不只玩搖滾樂，也參與電影演出，更願意跨界到各種文化事物中。

我說，你來南崁玩，我跟你介紹這個地方文化走讀地圖上的景點，我們就真的實際走一趟，散步聊天，請攝影師幫我們拍起來，一定會很有趣。

好個性的阿山，馬上答應了。因為，並不會造成過度負擔，又可以輕鬆認識新事物。

我想，這是可以思考借鏡的溝通方式。任何溝通，若是過分強壓，都會影響參與者的興趣的。

我們在桃林鐵路的舊址散步，到馬偕醫師來台灣幫人看牙齒的地方，爬羊稠步道的好漢坡，也走到地方的信仰中心，還去有百年歷史的天主堂，以及文史古蹟的兒童藝術村，喝了咖啡，彈了鋼琴，唱了歌。噢不，最後兩項都是阿山做的，我只負責玩。

南崁小書店不只是一個書店，是一個品牌，還是名牌。由他們承辦規劃的創意市集，動輒高達五百多家參與；他們也承辦超大型書展市集，數量也超過百家，有各種農業、出版、文創、食養、咖啡等品牌齊聚一堂，完全突破傳統空間的限制。

儘管南崁小書店現在暫時停業了，未來還是有機會看到他們精心策劃的精采活動，有興趣合作的企業，也不妨和他們洽談，說不定會有更激烈的跨界火花。

你看，這就是地方創生的一種可能，任何事都應該有創意，就算你要傳遞的是環境生態概念，是節能減碳，也可以更加生活化。

以人跟人為核心，創造連結，才有效益。

全台灣，都是你的好夥伴

我喜歡旅行，也喜歡獨立書店，常常把去獨立書店當到不同城市鄉鎮旅行的重點。用獨立書店串起旅行的行程，非常好玩，鼓勵大家可以試試用這個當作規劃主題，帶家人去玩。

當然，我知道大家不像我一樣貪玩，都很想為世界做點什麼。所以，我跟大家分享，還有許多跟南崁小書店一樣的書店，在地方發揮影響力，凝聚足夠人氣，讓企業有機會藉由跟他們討論，擬定出永續發展溝通的深度活動。

像台中的新手書店長期推廣閱讀，跟許多學校的老師也有連結，各種類別領域的作家也很願意到新手書店辦講座，因為他號召來的聽眾水準很高，提問都很有內容，且串聯起來的影響力很大。我只要去台中，幾乎一定買個兩本書走，順便從店內的選書理解當代文化脈動。

台東的晃晃書店，更是只要去台東一定得去晃晃，因為它幾乎可說是台東的文化聚落聖地。無論是詩人或小說家，必定會前去駐足；他們也會定期舉辦各種主題影展、專題講座，重視社會公益議題。

由於他們同時經營民宿，以非常漂亮美好的清水模，提供旅人睡在書店的夢想，也是許多年輕族群熱愛的地方。我常笑說，很多傑出人才，你在台北不一定遇得到，但在晃晃反而會相遇。

晴耕雨讀書院位在龍潭的稻田原野間，非常美麗，氣氛優雅，女兒放學後，我常帶她去那裡買書看書寫功課，然後買上近二十本書開心回家。

點杯咖啡，望著巨大的窗外一望無際的原野，所有塵世的苦惱都會消逝。低頭讀上一本書，更能堅定你對你在乎的議題。

他們也是定期舉辦繪本說故事、書法課程、手作工藝課程、作家講座，並且凝聚了一群非常堅實忠誠的讀者群，而且願意付出行動。同時，平常在網路社群上就有高度的串聯，對於議題的拉抬，公民討論和參與決策都非常有幫助。

台南的政大書城，可以說是我的主場。但說真的，又會不是誰的主場呢？這個經由數年深耕而創造的閱讀空間，非常特別，幾乎每次講座都可以擠上幾百人，讓每位作者都嚇一跳，也說明了府城民眾對於文化公共議題的熱心參與。

尤其，他們有我看過全國最大的童書展區，光童書就有近百坪的空間，你可以和孩子自由的脫下鞋子，浸淫在美好的閱讀裡。他們還和文化部合作，邀金鼎獎作者來分享，比你在台北市遇到的還多。

更誇張的是，他們還辦午夜講座，請星巴克提供咖啡，寢具公司提供枕頭；深夜十二點，讓小說家陪你不睡覺，談故事，談創作。

你說，那會有人嗎？

我跟你說，我參加過，超多人！

小間書菜位於宜蘭，也是我長年認識的好友。他們平常下田農耕，用對環境無衝擊的農法，種稻種菜，也製作健康的農產品。當然，還有書籍的交換。之前店工林 OVER 為了讓當地居民有更多進到店內的機會，還出馬競選村長。

我用 Google 的資源幫她拍了個影片，進到電影院裡的大螢幕，上到 YouTube 首頁。她致力於做農村文化事務的轉譯，讓人們藉由她趣味的文創商品更了解農業，像奇妙的粉紅色福壽螺貼紙說明多子多孫。

書店女主人彭顯惠還進行外交，去到日本離台灣最近的與那國島，做文化交流；而且，由於有孩子，因此定期舉辦親子講座，廣邀各領域專家學者分享，對公共議題也大量參與，在網路上的聲量也一直維持高度。

新星巷弄書屋位在龜山區公所附近的鬧區。有這樣一個熱愛讀詩的所在，實在是當地居民的幸福。

他們定期開共讀會，許多讀者在書店主人的規劃下，每個月一起讀一本書，分享彼此的心得。有時邀請作者到現場，創造交流機會。就連公部門的公務員也都很清楚，這樣一個書店，在地方上能夠創造聚落重心。

紅氣球書屋在恆春鎮上，古城牆旁，是台灣最南的書店。店主人木木和妻子，除了致力於把這裡打造成國境之南可高度對話討論的場域外，更深入地方，參與許多創生活動，發行地方誌，邀請台灣各地青年辦理采風編採營，挖掘地方的風土民情，讓不同地域的人看見；同時也參與偏鄉教育，和TFT教師有不同層次的合作，協助補足教育現場資源不足的問題。

我認識而且有大量合作過的書店，隨手就寫出這麼多個，且包含全台各地。而事實上，還有更多精采的獨立書店，繼續在他們所在的地方發光發熱。他們通常面對比你我工作更困難的環境，卻選擇去克服，而不是逃避，非常值得你認識，更值得你挹注資源去合作，開創永續議題。

我想，許多人會說豪宅令人羨慕，但我真心覺得，住家附近有一個書店，才是真正的豪宅。

而從事永續發展議題的溝通，更是值得擁有這些強壯的夥伴。

你仔細看看，就會發現，全台灣，都有好夥伴。

好夥伴，讓你事半功倍。
更讓好事，成為更好的故事。

ESG 心法

1. 以人跟人為核心，創造連結。
2. 在哪裡生活，就深入認識那裡，遇到選擇時，才能好好選。
3. 低頭讀一本書，更能堅定你對你在乎的議題。

工作生活 BWL093

把好事說成好故事

在實務上踏實，在想法上跳躍，ESG、SDGs 必備

作者 — 盧建彰 Kurt Lu

總編輯 — 吳佩穎
主編暨責任編輯 — 陳怡琳
校對 — 詹宜蓁
封面設計 — 虎稿．薛偉成
內頁排版 — 張靜怡、楊仕堯

出版者——遠見天下文化出版股份有限公司
創辦人——高希均、王力行
遠見．天下文化 事業群榮譽董事長——高希均
遠見．天下文化 事業群董事長——王力行
天下文化社長——王力行
天下文化總經理——鄧瑋羚
國際事務開發部兼版權中心總監——潘欣
法律顧問——理律法律事務所陳長文律師
著作權顧問——魏啟翔律師
社址——臺北市 104 松江路 93 巷 1 號

讀者服務專線——02-2662-0012 ｜傳真——02-2662-0007；02-2662-0009
電子郵件信箱——cwpc@cwgv.com.tw
直接郵撥帳號——1326703-6 號　遠見天下文化出版股份有限公司

製版廠 — 中原造像股份有限公司
印刷廠 — 中原造像股份有限公司
裝訂廠 — 中原造像股份有限公司
登記證 — 局版台業字第 2517 號
總經銷 — 大和書報圖書股份有限公司 電話／ (02) 8990-2588
出版日期 — 2022 年 8 月 16 日第一版第 1 次印行
2024 年 2 月 23 日第一版第 5 次印行

定價 — NT 400 元
ISBN — 978-986-525-751-4
EISBN — 9789865257538 (EPUB)；9789865257545 (PDF)
書號 — BWL093
天下文化官網 — bookzone.cwgv.com.tw

國家圖書館出版品預行編目（CIP）資料

把好事說成好故事：在實務上踏實，在想法上跳躍，ESG、SDGs 必備／盧建彰 Kurt Lu 著 . -- 第一版 . -- 臺北市：遠見天下文化出版股份有限公司 , 2022.08
面；　公分 . --（工作生活；BWL093）
ISBN 978-986-525-751-4（平裝）

1. CST：企業經營　2. CST：永續發展
3. CST：廣告創意

494.1　　111012418